超圖解

伺服器的架構與運用

西村泰洋【著】

劉宸瑀、高詹燦【譯】

本書說明了伺服器的基礎知識。因篇幅限制而無法收錄的「Windows 和Linux的區別」，將以讀者特典（PDF格式）的方式提供。請透過以下步驟取得特典，幫助您的學習更上一層樓。

讀 者 特 典 的 取 得 方 式

● 請掃描右側QR CODE，或透過下方網址進入下載頁面，
即可下載檔案。
URL　https://bit.ly/3umn2VB

※讀者特典檔案的相關權利為作者及出版社所有，未經許可，不得擅自散布或轉貼到網路上。

※讀者特典檔案的提供可能會無預警結束，敬請見諒。

我們的社會由各式各樣的系統支撐著。雖然系統和資訊科技逐漸變得複雜且多樣化，但應該有不少人會想要在短時間內理解這方面的概況。

其實，世上大多數系統都是用伺服器當骨幹建構而成的。可把伺服器想成是一個進入系統或資訊科技世界的入口，這樣應該比較容易了解。

本書所預設的讀者群為：

- 想掌握伺服器或系統相關基礎知識的人
- 對於企業或團體所用的伺服器及系統，想深入了解的人
- 目前從事資訊系統相關工作，或將來可能從事這份工作的人
- 想搞懂Windows與Linux之間差異的人
- 想知道AI、IoT、大數據、RPA等系統的人

本書將對伺服器和系統相關基礎知識、連同周邊領域在內的技術動向、企業或團體目前所運用的各種伺服器和系統、架設實例，還有AI人工智慧和IoT物聯網等數位科技的最新動向加以解說。當然，不具任何資訊科技相關知識的人也可以閱讀。

伺服器和系統的規模從大到小，應有盡有。

而且，正因有商業活動，伺服器和系統才會存在，它們會隨著商業的發展而進步。這讓我們很難面面俱到，但我還是希望盡量確保各位能夠了解現在與不久後的將來之動向。

因為AI與物聯網等系統的引進在市場上急遽擴展，資訊通訊科技正受到前所未有的關注。

希望有更多人能對伺服器和資訊科技的世界產生興趣，同時也期望大家可以在商場上活用從本書所獲得的知識。

2019年4月　西村泰洋

目次

第 1 章 伺服器的基礎知識
～司令塔的3種形態～

第 **7** 章 安全性與故障防範對策
～應對威脅的辦法、裝置與數據間的差異～ 149

第 **8** 章 伺服器的建置
～架構、效能評估、設置環境～
175

第 9 章 伺服器的營運管理
~為了實現穩定的運行狀態~ 199

第**10**章 實際案例與未來走向
～對經營做出貢獻的資訊科技與近未來的伺服器～ 219

伺服器的基礎知識

～司令塔的３種形態～

» 了解伺服器就是了解系統

系統與伺服器

社會上有各種各樣的系統在運作著。

從以個人身分使用的系統來說，像網路購物的訂單系統、銀行或便利商店的ATM系統、悠遊卡等運輸機構的系統都很常見（圖1-1）。

若從商業的角度看，大概第一個想到的會是企業或團體用的商用系統吧。例如超商或超市的POS系統、工廠生產管理系統、手機通話管理系統和利用人造衛星的科技系統等等，不勝枚舉。

這般多元且規模及大小各異的系統，實在讓人很難一次搞懂。

不過，無論什麼樣的系統，只要這套系統以發揮一定規模的作用為目的，那它就必然得有一台伺服器。

伺服器的角色

從外觀硬體上來講，大部分的系統都是由伺服器、其下游的電腦以及連接上述兩者的網路設備所組成。在這些設備之中，伺服器身負**核心作用**（圖1-2）。

此外，從身為系統內在的軟體來看，則是由負責回應使用者「想做什麼」及「想讓它做什麼」的應用軟體在運作。伺服器也是**讓應用軟體執行動作的主角**。

如上所述，伺服器在系統中扮演著重要的角色。從伺服器出發綜觀系統的話，便能夠更容易理解各式各樣的系統，而且最後說不定還能想出一套得以實現自身所願的系統。

圖1-1 社會上的各種系統

網路購物的
訂單系統

銀行或便利商店的
ATM系統

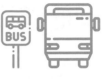

悠遊卡等
運輸機構的系統

圖1-2 伺服器的作用

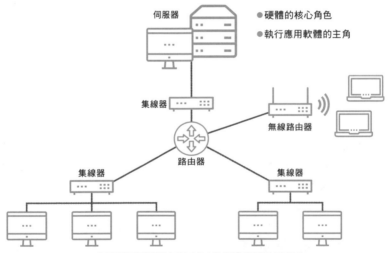

※伺服器與其下游電腦之間會有路由器或集線器之類的網路設備

Point

✎ 社會上有許多型態各異的系統，要是超過一定規模的系統，就必然會存在
一台伺服器
✎ 伺服器在系統之中具有核心作用

» 伺服器是系統的司令塔

作為司令塔的存在

上一節我們提到，從硬體和軟體兩方面來看，伺服器都在系統中扮演著重要的角色。用運動的世界來比喻的話，伺服器的存在就像是一座「司令塔」。在足球、橄欖球或其他眾多選手同時動作的比賽上，人們必定會熱烈討論「發號司令的是誰」之話題。分析狀況、給予選手適當指示、回答選手的疑問等，伺服器正是這樣的存在（圖1-3）。

近年來，隨著AI人工智慧的應用，伺服器逐漸可以僅用一小部分的情報做出判斷。

若說跟在運動場有什麼不同，那便是它**並非一種精神上的支柱**。伺服器始終貫徹它技術或管理上的立場。

伺服器的3種應用形態

伺服器有下列3種應用形態（圖1-4）：

- **響應用戶端提出的要求並予以實行的形態**
  伺服器被動因應下游電腦（如連接伺服器的用戶端電腦）的要求執行處理程序。
- **由伺服器本身主動發起處理程序的形態**
  伺服器主動針對下游電腦或設備執行處理程序。
- **有效運用高效能的形態**
  伺服器本身就是一種高性能的硬體，因此它會活用這項特長來執行處理程序。這是近年來備受關注的一項功能。

接下來我們將對各個形態一一進行說明，當然，這些形態偶爾也會相互搭配使用。

圖1-3　伺服器宛如體育運動中的司令塔

圖1-4　伺服器的3種應用形態

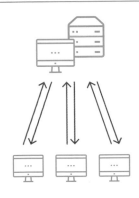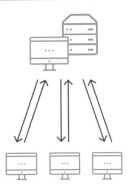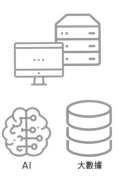

響應用戶端
提出的要求
並予以實行

由伺服器本身主動
發起處理程序

有效運用高效能

Point

✐ 伺服器的存在如同系統裡的司令塔

✐ 伺服器大致可分成3種應用形態

響應用戶端提出的要求 並予以實行的形態

伺服器的基礎應用形態

說到伺服器，就會想到它回應用戶端要求的模樣，這是它的基本應用形態。當人們稱其為「主從模型」、「主從式架構」時，便是期待它發揮這類功能。對系統來說，它是因應下游用戶端電腦的要求做處理——從用戶端向伺服器提出要求開始，伺服器**被動執行**對方要求的處理程序。

我們可以從中舉出下列3點特徵（圖1-5）：

- 1台伺服器對應多台用戶端
- 通常會在伺服器和用戶端上安裝共用軟體（也有的軟體會分成伺服器專用及用戶端專用2種）
- 用戶端隨時會向伺服器上傳請求

被動應用形態的代表案例

下方列舉出幾種被動應用形態的代表案例（圖1-6）：

- 檔案伺服器
- 列印伺服器
- 郵件或網站伺服器
- 物聯網伺服器（當設備會隨時上傳數據時）

可以看得出來，目前一般常說的伺服器，都是這一節所介紹的**屬於響應用戶端提出的要求的形態**。企業或團體的商用系統，大多都是這種類型。然而，現代伺服器和系統的有趣之處，就在於它們不僅止步於此。接著就讓我們來看看伺服器主動執行處理程序的形態。

圖1-5························· **被動應用形態的特點** ·······················

● 1台伺服器對應多台用戶端

● 大多使用共用軟體
（有的也會分成伺服器專用及用戶端專用2種）

● 用戶端隨時會向伺服器上傳請求

圖1-6························· **被動應用形態的代表案例** ·······················

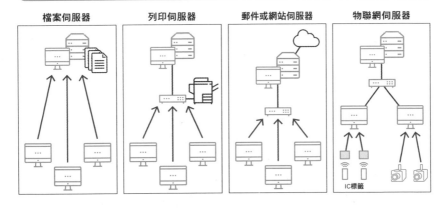

檔案伺服器	列印伺服器	郵件或網站伺服器	物聯網伺服器

IC標籤

Point

✎ 談到伺服器時，通常人們會理解成「響應下游電腦要求的形態」，就如同「主從模型」之類的用詞一樣

✎ 其代表案例如檔案伺服器、列印伺服器、郵件或網站伺服器等等

≫ 由伺服器本身主動發起處理程序的形態

此形態會主動對下游電腦及設備執行處理程序

和「因應來自用戶端的要求做處理」的形態相比,其最大差異在於**由伺服器發起並執行處理程序**。在這種形態下,伺服器會命令或執行用戶端電腦和下游電腦的處理程序。

其特徵有以下3點(圖1-7):

- 1台伺服器對應多台用戶端
- 不一定會安裝伺服器與用戶端共用軟體
- 由伺服器端決定處理時程並予以執行

主動應用形態的代表案例

下方列舉出幾種主動應用形態的代表案例(圖1-8):

- 運轉監測伺服器
- RPA伺服器
- BPM系統伺服器
- 物聯網伺服器(例如在呼叫物聯網設備時)

從上述例子來看,雖然這種模式一般大眾不太熟悉,但可以知道**這類伺服器在企業團體的系統或業務營運上具有重要作用**。

圖1-7 處理程序由伺服器發起的特點

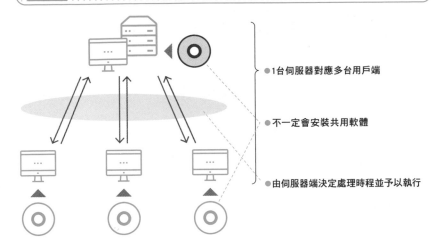

● 1台伺服器對應多台用戶端

● 不一定會安裝共用軟體

● 由伺服器端決定處理時程並予以執行

圖1-8 主動應用形態的代表案例

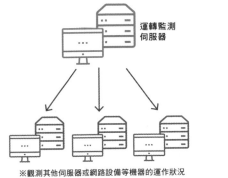

運轉監測伺服器

※觀測其他伺服器或網路設備等機器的運作狀況

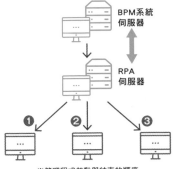

BPM系統伺服器

RPA伺服器

※管理程式起動與結束的順序

Point

✐ 由伺服器向用戶端發起主動處理的模式在企業團體的系統或業務營運上起到重要作用，可預計未來這種運用形式將愈來愈多

✐ 其代表案例如運轉監測伺服器、RPA伺服器、BPM系統伺服器等等

» 有效運用高效能的形態

高效能處理的特點

到上一節為止，我們了解到伺服器與下游電腦的架構，以及在執行處理程序上可分成從用戶端發起和從伺服器發起2種。

而這一節要說明的，則是一種與前述觀念迥異的處理方式。

詳細內容會在第2章介紹，不過先告訴各位，伺服器與個人電腦不同，**擁有相當高超的性能**。如果說個人電腦是一輛普通汽車，那麼能夠依據用途改變性能與規模的伺服器，就好比是F1賽車、坦克車或重型卡車等車種。這些車種可以達到與普通汽車不同層次的高效成果。

其特徵如下（圖1-9）：

- 有伺服器和用戶端兩者結合，也有近似單獨伺服器的配置
- 在伺服器端獨自執行處理程序
- 被期待具備個人電腦無法勝任的高效能

有效運用高效能形態的代表案例

其代表案例如下：

- AI伺服器
- 大數據伺服器

從這些案例就能得知，這是一塊未來有望拓展的領域。

到目前為止，我們將伺服器的應用形態分成3種並逐一介紹完畢。要是從「主從模型」的既定印象來考慮，就無法窺見伺服器主動處理及有效活用高效能的可能性，我想這點各位應該已有所體會。請特別留意現今運用伺服器的方式有著萬千種可能性（圖1-10）。

圖1-9　　　　高效能處理的特徵

- 亦有近似單獨伺服器的配置
- 在伺服器端獨自執行處理程序
- 被期待具備個人電腦無法勝任的高效能

AI
- 各種人為的判斷與分析
- 必須得有比人類更多的學習數據

大數據
- 多元且大量的數據資料
- 高速進行分析
- 偶爾會結合結構化資料與非結構化資料進行分析

圖1-10　　　　伺服器的各種形態

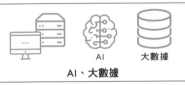

AI 大數據

AI、大數據

最近熱門的AI人工智慧、大數據與物聯網的伺服器，都不一定會採用主從模型的形態

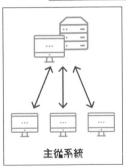

主從系統

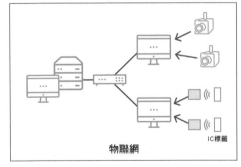

IC標籤

物聯網

Point

🖉 有效運用高效能伺服器的形態，未來很有可能會再進一步擴增

🖉 伺服器的應用形態不只是主從模型一種而已，還有其他多采多姿的可能性

» 連接伺服器的裝置

用戶端的種類繁多

　　「連接伺服器的裝置是什麼？」被問到這個問題時，想必很多人會回答「用戶端電腦」吧。主從式架構、主從模型等名稱從以前開始就一直存在，因此這是一個模範答案。

　　即使是用戶端電腦，也有筆記型電腦、桌上型電腦等各種各樣的類型。上述兩者在過去是這方面的代表選手。

　　然而，一旦注意到現在的遠端環境，就能發現除了筆記型電腦以外，還有平板電腦這一類的產品存在。而且若再擴大範疇，那智慧型手機或許也能列入其中（圖1-11）。

　　遠程連接需要用到IMAP伺服器等，這部分我們將在第5章解說。不過現在有愈來愈多的企業團體正在建構這樣的環境。

多樣化的設備

　　本書開頭就採用伺服器、下游電腦及設備的說法。

　　這是因為它們不只是上述的用戶端電腦，連物聯網裝置等與伺服器連接的設備都包括在內。

　　舉個例子，如圖1-12所示，我們可以在伺服器上解析各種攝影鏡頭所取得的影像。

　　IC標籤本身的功能雖然不足以被稱為「設備」，但它也能**讓伺服器讀取並處理其內存數據**。

　　也就是說，在考量現在的系統時，會發現能連接伺服器的設備更加多樣化——除了個人電腦和智慧型手機外，還有許多形形色色的裝置。

　　舉例來說，如果有無人機或者是可以連上網的機器人之類的也能連接。

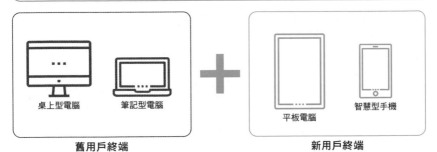

圖1-11　　　　　　　　　　多樣化的用戶端

桌上型電腦　　　筆記型電腦　　　　　　平板電腦　　　智慧型手機

舊用戶終端　　　　　　　　　　　新用戶終端

用戶端這個詞過去是指桌上型電腦和筆記型電腦，但隨著遠端環境的普及，平板電腦與智慧型手機也開始加入這個行列

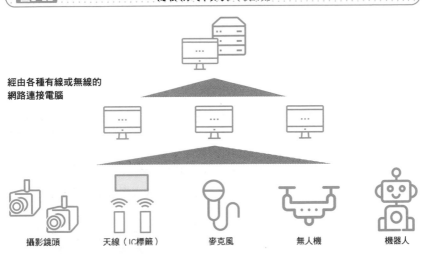

圖1-12　　　　　　　　　　物聯網時代的多元設備

經由各種有線或無線的
網路連接電腦

攝影鏡頭　　天線（IC標籤）　　麥克風　　　無人機　　　機器人

Point

✎ 連接伺服器的裝置雖以個人電腦最具代表性，但像平板電腦或智慧型手機一類的裝置，正透過遠端環境變得更加多元

✎ 從物聯網的立場來看，攝影鏡頭、IC標籤、麥克風、無人機與機器人等各種設備都會出於不同目的而連接到伺服器

» 是爆發型還是持久型？

從應用軟體來看

在構思伺服器時，重點在於「要做什麼」和「想讓它做什麼」，這點前面開頭已經解釋過了。這一節我們試著從應用軟體的角度來看待它。

日常生活所用的系統大致可以分成下面2種：

- **著重輸出、輸入的系統**
  這種系統會迅速回傳輸入數據的處理結果。
- **著重統計或分析的系統**
  這種系統很重視對於個別輸入數據的統計與分析。

圖1-13顯示，儘管現實中多半會側重其中一種功能，但大部分的系統都兩者兼備。

爆發力與持久力

由於著重資料輸出入的系統，其反應很重要，所以會像快問快答一樣重視系統的**爆發力**。而強調統計分析的系統則是一邊觀察整體數據的輸入狀況，一邊著手處理資料，因此便如同準備期漫長的大考般要求系統的**持久力**（圖1-14）。

不管是哪一種系統，在處理過程中出錯都是不被允許的。

著重程式計算的系統近年來備受矚目，這類系統便是屬於後者。

到目前為止，我們已經介紹完伺服器的3種應用形態與連接設備的相關內容。如果還能在這個基礎上預先考慮好作為伺服器本質的應用軟體該具備什麼樣的特性，那麼對系統或伺服器的構思就會有確切的進展。

圖1-13 著重資料輸出入的系統與著重統計分析的系統

著重輸出入

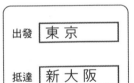

網路上的路線導航

著重統計、分析

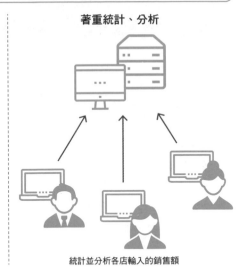

統計並分析各店輸入的銷售額

圖1-14 需要爆發力的類型與需要持久力的類型

著重爆發力

快問快答

著重持久力

入學考試

Point

- 只要從應用軟體的角度，把系統分成「側重資料輸出入」和「側重資料統計分析」2種，就會很好理解
- 前者需要爆發力，後者則需要持久力

27

» 將系統模式化並加以統整

模式化案例

先來整理一下我們至今為止所談論的內容。

試著根據連接各種系統的設備和想做的事，統整如圖1-15。最後一項是各個系統範例的伺服器應用形態。

舉例來說，如果建立一套模式是「由伺服器向用戶端電腦及各項設備取得數據資料並更新」，所用設備就會變得豐富多采。假設目標是一套著重資料輸出入的系統，那麼就能預設我們需要的是足以發揮爆發力的高速伺服器。另外，這套系統的實體形象也會變得更加清晰。

只要能像這樣決定主軸並模式化，就得以向相關人士確認具體的期望與要求，同時也可以確定哪些功能是不需要的。

模式化的注意要點

在「想做什麼」和「希望處理程序做到什麼地步」上，**所有相關人士都要達成共識**，這一點很重要。為了便於理解，這裡便先從連接設備的類型、數量以及要互傳的數據為何著手，將系統分成「側重資料輸出入」與「側重資料統計分析」2種。

接下來必須重新考量伺服器內部軟體的需求，例如要如何運用或者它是什麼樣的系統，並將這些軟體條件與作為硬體容器的伺服器實體之需求一併進行確認（圖1-16）。

要做到這一點，就必須**同時從內容和外觀，也就是應用軟體與硬體雙方向來考慮**。

圖1-15　　將系統模式化並加以統整

系統模式化的範例

暫時撇除伺服器來思考會比較簡單

銷售系統	連接設備範例					網路	要做的事（輸出入資料）	應用形態
	桌電	筆電	平板	智慧型手機	攝影鏡頭			
銷售系統	○	○	○	─	─	有線、無線通訊	銷售員輸入顧客資訊，籌備商品	被動

生產管理系統	連接設備範例					網路	要做的事（輸出入資料）	應用形態
	桌電	筆電	平板	智慧型手機	攝影鏡頭			
生產管理系統	○	─	─	─	○	有線區域網路	用攝影鏡頭確認工程進展，若有進度延遲等情況則發出警報	被動

評估系統	連接設備範例					網路	要做的事（個別評估）	應用形態
	桌電	筆電	平板	智慧型手機	攝影鏡頭			
評估系統	○	○	─	─	─	有線區域網路	利用AI人工智慧進行個人貸款客戶的初步評估	被動、高效能

購物預測	連接設備範例					網路	要做的事（大量數據分析）	應用形態
	桌電	筆電	平板	智慧型手機	攝影鏡頭			
購物預測	○	─	─	─	─	有線區域網路	解析大量且多樣化的數據資料，判斷商品的推出與發展時機	高效能

圖1-16　　出於軟體與硬體角度的需求

軟體的需求

- 要如何運用？
  （著重爆發力、著重持久力）

- 是什麼樣的系統？
  （被動、主動、高效能）

硬體的需求

- 什麼樣的伺服器最適合？

- 必須擁有哪些設備？

選擇適合的
系統和伺服器

Point

🖉 在斟酌伺服器規格時，先根據3種應用形態將其模式化後，會更容易理解

🖉 從伺服器內部的應用軟體、外在的硬體與出場角色（連接設備）雙方面來
　思考

≫ 基本的系統架構

基本的系統架構範例

我想各位到此應該已經對伺服器和系統相關知識有基本的了解了。這裡就先來看一下系統架構的範例。

最簡單的組成是**多台用戶端電腦加1台伺服器**,例如企業團體部門的商用系統或檔案伺服器等等。

在圖1-17中,上游設置伺服器,下游則是用戶端電腦。兩者之間會有路由器或集線器這類網路設備,並在區域網路的環境下連線。常見案例是在企業團體的各部門科組中設置網路集線器。

假如網路集線器的LAN連接埠有24個,那麼每24人就必須安裝1台集線器。事實上,1台用戶端電腦會連接多台不同的伺服器。

愈趨增加的無線區域網路

就像在個人住家使用Wi-Fi的人增加一樣,最近幾年辦公室活用無線區域網路※1的情況也愈來愈多。

對照圖1-17和圖1-18後,可發現圖1-18的組合不需鋪設有線區域網路的網路線,因此辦公室的布局和座位安排的自由度就會比較高。

伺服器是一座司令塔

看完圖1-17與圖1-18,相信各位可以再次認識到「伺服器是系統的司令塔」這件事。

在第2章,我們將探討作為硬體方面的伺服器樣貌。

※1　無線區域網路普及的原因,不僅是因為辦公室布局靈活度的提高,也跟其本身技術的改良,甚至與伺服器、用戶端電腦和軟體處理能力的提升有關

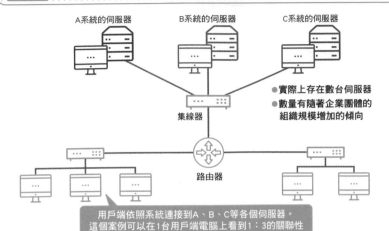

圖1-17 ⋯⋯⋯⋯⋯⋯⋯⋯⋯⋯ **基本的系統配置**

A系統的伺服器　　B系統的伺服器　　C系統的伺服器

●實際上存在數台伺服器
●數量有隨著企業團體的
　組織規模增加的傾向

集線器

路由器

用戶端依照系統連接到A、B、C等各個伺服器。
這個案例可以在1台用戶端電腦上看到1：3的關聯性

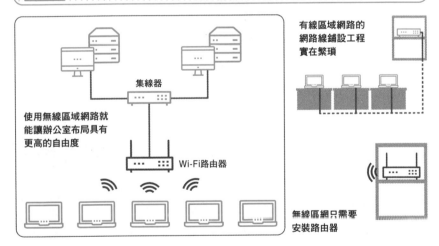

圖1-18 ⋯⋯⋯⋯⋯⋯⋯⋯⋯⋯ **活用無線區網的配置**

集線器

使用無線區域網路就
能讓辦公室布局具有
更高的自由度

Wi-Fi路由器

有線區域網路的
網路線鋪設工程
實在繁瑣

無線區網只需要
安裝路由器

Point

🖊 以基本的系統組成為例，一組有線區域網路包括伺服器、路由器、集線器
　和用戶端電腦

🖊 近年來因為考慮到便利性，辦公室裡設置無線區域網路的情況逐漸增加

動 手 試 一 試

做一套主從模型應用軟體

在企業團體等組織裡，會有一些公開或分享情報的機制或活動。下面舉出其中幾個案例：

- 負責人向所有相關人士發送一封載有資訊的電子郵件
- 在專屬網站上發布資訊
- 把資訊文檔上傳到檔案伺服器，供相關人員瀏覽
- 備有專屬的資訊共享系統

第2項用瀏覽器查看網頁的例子，就是由用戶端要求伺服器處理資訊的典型應用案例之一。

我認為應該嘗試實際架構一個網頁看看。

暫且先放2個或3個項目即可，請試著在上面列出自己打算共用的資訊。建議選擇能用數字表示的項目。

希望共享的資訊範例

○ 希望共享的資訊範例

項目名	內容或實例
服務A的合約數量	截至今日為○○份
服務A的合約金額	截至今日　500萬元
商品B的銷售額	截至昨日　150萬元

○ 希望共享的資訊

項目名	內容或實例

（後續接第60頁）

第2章

硬體方面的伺服器

～與個人電腦的差別及其多樣性～

≫ 與個人電腦的結構差異

伺服器不能停止運轉

　　伺服器與個人電腦最大的區別在於伺服器是24小時運轉不能停。電腦通常會在使用者上班時開機，下班時關機，但**伺服器基本上不會關閉電源**。

　　如果伺服器停止運轉，那其負責的事務及正在使用的使用者全部都會受到影響。因此，其硬體組成必須以「不可停止運轉」為前提。

　　伺服器與個人電腦的主要異如下（圖2-1）。

- CPU、記憶體、硬碟等元件，皆需選用可以更換或擴充的零組件
- 各種元件都要進行備份

構造上的差異

　　個人電腦會將CPU、記憶體、硬碟等元件有效率地配置在主機板上的狹小空間中。

　　相較之下，伺服器則如圖2-2所示，在可更換與擴充的前提下井然有序地配置。

　　伺服器不僅各項零組件的可靠性高，有的伺服器還會搭載一些特殊機制，比如在萬一出事時，能在不停止運轉下更換部分元件等等。此外，它還會設計成便於擴充的構造。

　　伺服器的零組件本來性能就很不錯，再加上連同備份在內的高可靠性，以及盡可能不令其停止運轉的架構，使其甚至具備可持續運用的高可用性。

　　另外，防範故障的相關對策將在第9章進行說明。

圖2-1 伺服器與個人電腦的主要差異

	伺服器	個人電腦
一天運作時長	24小時 ※1	使用者的上班時間 ※此指工作使用的情況
可靠性	● 基本上不會關閉 ● 也不太會重啟	如果故障，會酌情重新開機
擴充性	● 有些伺服器能在不關機下更換元件 ● 容易擴充	● 在更換、擴充零件時需關機 ● 有些機器難以擴充
可用性、容錯性	為電源、硬碟和風扇等元件備份	大部分的元件都沒有備份

圖2-2 伺服器的構造

以機架式伺服器為例

CPU、記憶體、硬碟等元件皆排列得井然有序，
並且設計成容易更換個別零件的結構

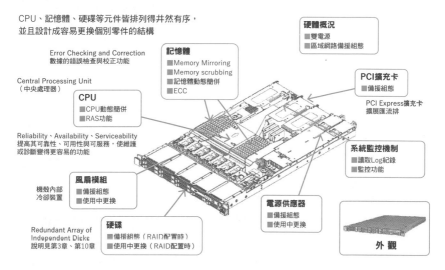

Error Checking and Correction
數據的錯誤檢查與校正功能

Central Processing Unit
（中央處理器）

CPU
■ CPU動態簡併
■ RAS功能

Reliability、Availability、Serviceability
提高其可靠性、可用性與服務，使維護
或診斷變得更容易的功能

記憶體
■ Memory Mirroring
■ Memory scrubbing
■ 記憶體動態簡併
■ ECC

硬體概況
■ 雙電源
■ 區域網路備援組態

PCI擴充卡
■ 備援組態

PCI Express擴充卡
擴展匯流排

系統監控機制
■ 讀取Log紀錄
■ 監控功能

機殼內部
冷卻裝置

風扇模組
■ 備援組態
■ 使用中更換

Redundant Array of
Independent Disks
說明見第3章、第10章

硬碟
■ 備援組態（RAID配置時）
■ 使用中更換（RAID配置時）

電源供應器
■ 備援組態
■ 使用中更換

外觀

Point

✎ 在工作中使用個人電腦時，會要求它在上班時間運作，但伺服器則需365
天24小時不停運轉

✎ 為了不停止運轉，伺服器的構造會與個人電腦不一樣

※1 常用24/7（twenty-four-seven）或365天24小時等字樣表示「伺服器24小時運作」

≫ 與個人電腦的性能差異

雙方所追求的效能不同

在我們不經意下使用的個人電腦中，有一項顯示效能很重要，它可以讓使用者目視得知自己的操作是否得到正確的回應。

顯示效能指的是能夠正確且即時地表現自己按下的鍵盤按鍵內容與滑鼠的點擊動作等操作，並以此為前提**進行各種應用軟體的處理程序**。

這說起來雖然理所應當，但現代的電腦與智慧型手機的性能甚至高到讓我們在使用時完全不會意識到這一點。

另一方面，對伺服器來說重要的是各種處理程序是否得當。

伺服器根據資料的輸入（Input）輸出（Output）處理結果，在不斷執行這些輸出入（I/O）操作的同時，也會監測系統整體狀況和負載情況，甚至還會去考量能否更進一步發揮自身效能。

從圖2-3可看出兩者之間的差異，可以說伺服器重視輸出入效能勝於顯示效能。

元件上的性能差異

兩者所追求的性能差距如上所述，除此之外，伺服器跟電腦的**個別元件性能自然也有很大的差別**。

伺服器處理量遠比電腦還高，因此它會由效能與可靠性更好的CPU、記憶體和硬碟等元件所組成。而且如圖2-4所示，這些元件的搭載數量更多且容量也會更大。

鑒於各項元件裝載狀況的這類差異，伺服器比個人電腦昂貴也就不足為奇了。

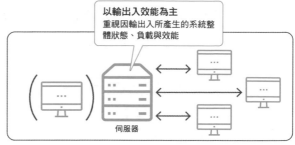

圖2-3　顯示效能與輸出入效能

以顯示效能為主
重視鍵盤滑鼠等設備
的操作顯示

個人電腦

以輸出入效能為主
重視因輸出入所產生的系統整
體狀態、負載與效能

伺服器

- 伺服器重視輸出入效能勝於顯示效能
- 有的伺服器除了初期設置、故障調查和復原維護外不會接上顯示器
- 有時還會把用戶端電腦當顯示器來用

圖2-4　元件上的性能差異

個人電腦

記憶體　　CPU　　I/O　　硬碟

伺服器

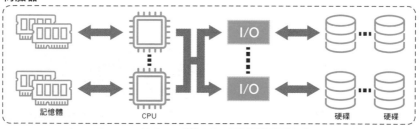

記憶體　　CPU　　I/O　　硬碟　　硬碟

伺服器的CPU、記憶體和硬碟等元件,其效能與可靠性比個人電腦更高,數量也更多

Point

- 個人電腦重視顯示效能,而伺服器不僅重視顯示效能,也會重視處理性能(輸出入效能)
- 相較於個人電腦,伺服器中像CPU之類的個別元件效能更好

» 伺服器的作業系統（OS）

3種伺服器作業系統

伺服器作業系統的歷史變遷先暫且不論，從目前的主流系統來看，約莫可概括成以下3種：

- Windows Server（由微軟公司發行）
- Linux（開源作業系統的代表，商用作業系統則由Red Hat等公司發行）
- 類UNIX系統（由各家伺服器製造商發行）

在日本市場上，Windows占五成，Linux跟類UNIX系統則各占兩成左右，其次則是廠商自己的獨立作業系統。

若以20年前為例，當時類UNIX系統和IT供應商自己獨有的伺服器專屬作業系統（又稱「辦公電腦」等等）為市場主流，但隨著Windows電腦與Linux的發展逐漸變成現在的局面。簡要年表統整請參照圖2-5。這段歷史始於UNIX系統。

各作業系統的優點

Windows Server雖是伺服器專用的作業系統，但**它可以在與Windows電腦相同的使用介面下操作**，所以比較容易懂。它甚至會**事先安裝好企業團體所必備的功能，而且還有微軟在背後支援**。

就Linux而言，在Windows環境下使用命令提示字元頁面的人仍然很多。最近似乎也有各式各樣的工具可以運用（圖2-6）。不過，因為只要把免費模組及必要功能堆疊起來即可，所以**也能以相對簡單便宜的方式架構系統**。

若只是暫時先架一套伺服器的話，用Windows可能更保險。經過許多研究調查之後，決定於Linux上從必備功能開始著手改進也沒問題。

圖2-5　　伺服器作業系統的現在與過去

	1970	1980	1990	2000
UNIX	由AT&T研發，80年代時演變成現在的模樣			
Linux		Linus Torvalds先生以UNIX為參考研發		
Windows		NT3.1版本釋出		2003年推出Windows Server

- 伺服器專用作業系統具有同時應付來自多台用戶端存取請求的性能
- 從歷史背景來看，Linux和類UNIX系統的相容性很高
- 作為一套活用過去軟體資產，同時能應對長期連續運行的伺服器作業系統，類UNIX系統至今仍受到大眾的堅定支持，不過在典型用途上，選擇採用與其擁有同等功能的Linux系統的人也增多了

圖2-6　　Windows Server與Linux的範例畫面

Windows Server
檔案存取權限的設定畫面

Linux檔案存取權限的設定畫面

- 在Windows中會用GUI介面執行設置
- 在Linux或類UNIX系統上，利用指令設定的人至今仍然很多
- 「chmod」是設定與變更存取權限（許可）的指令
- 「777」擁有讀取、寫入、執行所有使用者檔案的全部權限
- 順帶一提，「755」代表雖然持有者具備所有權限，但限制群組及其他使用者只能讀取和執行檔案

Linux存取控制列表
編輯工具
「Eiciel」的範例

- Linux也能運用工具設定
- 左圖為Eiciel範例畫面

（https://rofi.roger-ferrer.org/eiciel/screenshots/）

Point

- 目前伺服器作業系統的主流是Windows、Linux及類UNIX系統3種
- 雖說Windows Server和Linux占大宗，不過企業也會因應自身需求和目的來引進相應系統

》 伺服器的規格

伺服器基本規格

　　汽車規格看型錄就知道，上面羅列著車身全長等尺寸、重量、乘載人數、引擎、排氣量與變速箱等資訊。要是拿伺服器來比喻的話，那CPU便等同於引擎。

　　跟汽車一樣，伺服器和個人電腦都有一套基本規格，上頭列出其機型（參照2-5）、尺寸、CPU數量與類型、記憶體容量、內建硬碟容量等。一般來說，在條列記憶體和硬碟的可搭載數量及容量時，也會寫出目前機器上實裝的數量與容量。

　　在圖2-7中介紹了規格的範例。

　　雖然還有其他的項目，但在選購伺服器上，希望各位留意的是跟電源與備援機制※2有關的項目。

　　因為大型伺服器需要大量電源，所以在設置伺服器之際，電源配電工程是不可或缺的。在實際架設伺服器時，經常發生由於沒有安排好已購設備的施工工程，導致伺服器無法使用的情況。

挑選伺服器的辦法

　　瀏覽各家伺服器廠商和經銷商的網站，可以感覺到上面的敘述比以前更容易了解。

　　過去在挑選伺服器時，得先算好必要處理效能與數據量等資料，再去對照伺服器的性能以做出選擇。

　　不過現在已經可以用**「使用者人數」**和**「用途」**等條件來進行討論（圖2-8）。

　　舉例來說，只要有「可供我們部門共50人使用的檔案伺服器」這項資訊，網站就會按照所需人數及用途，透過一覽表的形式來推薦相應伺服器，而我們僅需從中做出選擇即可。

　　看來伺服器早已慢慢成為我們日常生活熟知的存在了。

圖2-7　伺服器規格範例

項目	個別產品的規格
機型、尺寸	例：直立式、機架式等
CPU數量、類型	例：Inter XX、1/2（已搭載1個，最多可搭載2個等）
記憶體容量	例：最大3,072GB
內建硬碟容量	例：10/20TB
電源供應器※3	例：250W、300W、450W等
備援風扇	例：有無

圖2-8　挑選伺服器

以前

從理論上做效能評估，
藉此挑選伺服器

效能評估　　挑選伺服器

現在

主流方式是在效能評估的基礎上，
依據使用者數量、用途或架設實例等條件來挑選

效能評估　　　　挑選伺服器

使用者數量、用途
（刊登在伺服器廠商或
銷售店家的網站上）

架設實例（同上）

※若只比較效能評估的結果，
可能會在伺服器尺寸有所差異

如今已然演變成多數沒有專業知識的人都能挑選伺服器的時代了

Point

⟋ 儘管伺服器的規格跟個人電腦差不多，但還是要特別確認電源和備援機制
的狀況
⟋ 近年相關資訊繁多，就算不具備相關專業知識，人們也漸漸能夠自行挑選
伺服器
⟋ 我們可以根據用途或使用者數量等條件來規劃伺服器

※3　一般筆電的電源約為70W

≫ 多樣化的外觀

依照外形區分機型

伺服器以外形來分類的話,主要為下面3種(圖2-9):

- 直立式
    外觀和桌上型電腦一樣是直立方形。看上去就像大一點的電腦。
- 機架式
    這種機型會將伺服器逐一安裝在專用機架內。擁有優異的可擴展性與容錯性,可透過在機櫃內增加伺服器機台來擴展,而且伺服器受到專用機架的保護,所以也有不錯的容錯性。
- 刀鋒型、高密度
    機架式伺服器的衍生產品,主要供應給會用到大量伺服器的資料中心。共通零件均位於機架一側,使得輕薄小型的伺服器得以集中設置在狹小空間之中。密度極高是它的特徵。

其他機型

大型電腦主機和超級電腦的每個元件都有自己**專用的機殼**(參照2-12)。另外,CPU、記憶體和硬碟等機櫃也是各自獨立的(圖2-10)。

以企業團體的情況,大型主機通常會架設在專用的建築物或樓層中,由資訊部門等專人管理。

不參與資訊系統相關工作的人很難見到這種設備,因此若有機會的話,請務必親眼看看。

一系列比人還高的機櫃整齊排列的景象實在妙不可言。

圖2-9　多樣化的外觀

直立式

直立式伺服器的尺寸從小型PC伺服器
（即使如此也比個人電腦大）到大型類UNIX系統應有盡有

機架式

機架式伺服器
會設置在專用的機架上

刀鋒型

高密度

● 也有用於資料中心的刀鋒型或高密度伺服器等類型
● 刀鋒型伺服器是一種更小更薄的機架式伺服器
● 高密度伺服器則是其再進化的機種

圖2-10　大型主機與超級電腦

大型主機

大型主機的CPU、記憶體和硬碟等元件分別
安置在不同的機櫃內

超級電腦

● 超級電腦可說是電腦的巔峰之作
● 追求最高的效能，尺寸也比大型主機更人

Point

✐ 伺服器主要依外形分成直立式、機架式、刀鋒型兼高密度3種
✐ 大型主機或超級電腦的每一種元件都會分別設置並排列在比人還高的機櫃
　裡

» 伺服器的入門款 PC伺服器

PC伺服器的規格

簡而言之，PC伺服器的構造與個人電腦（PC）類似，相當於一台將個人電腦放大後的伺服器。有時又稱為Intel架構（Intel Architecture）伺服器。

日本國內伺服器的總供貨量每年超過40萬台，其中約有七成都是PC伺服器（圖2-11）。

PC伺服器過去只是性能比個人電腦好一點的機種，所以在伺服器中長久處於較低的地位。然而，因其近年來性能的提高與形態的多樣化，使得中小規模的工作都能以PC伺服器應對處理，從而成為入門款伺服器。

說明得更詳細一點，由於這種伺服器內建Intel一款名為x86的CPU，又或是與其兼容的CPU，因此偶爾也被稱為x86架構伺服器。

CPU的基礎設計叫做CPU架構。不管伺服器的外形是直立式還是機架式，只要它所搭載的CPU是x86系列，就會被歸類為x86架構伺服器。

CPU架構概況請參照圖2-12。

非PC伺服器產品

雖然前面提到CPU架構，但除了x86以外，還有一種代表性的架構名為精簡指令集電腦（Reduced Instruction Set Computer，RISC）——SPARC（Oracle公司，前身為昇陽電腦）。同類產品還有IBM的Power架構。這類架構適用於類UNIX系統，且處理效能優於PC伺服器。

另外，統計上所說的伺服器，除了PC伺服器、類UNIX伺服器以外，大型主機和超級電腦亦包括在內；

這是基於「撇除個人電腦之外的任何產品都是伺服器」的想法而定。

圖2-11　日本伺服器市場概況

日本伺服器市場的演變：2013～2017年

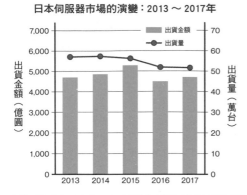

2017年 日本伺服器市場 廠商市占率【出貨金額】

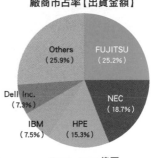

Others（25.9%）
FUJITSU（25.2%）
Dell Inc.（7.3%）
NEC（18.7%）
IBM（7.5%）
HPE（15.3%）

Total = 4,698億圓

出處：「2017年 国内サーバー市場動向を発表（公布2017年 國內伺服器市場趨勢）」（IDC Japan，2018年3月28日新聞稿）

（URL：https://www.idcjapan.co.jp/Press/Current/20180328Apr.html）

圖2-12　CPU架構

記憶體空間
存有數據資料（握壽司料）

按照指令，在從CPU內部暫存器（小碟）中取出的鰻魚握壽司上塗抹醬汁

命令CPU取出鰻魚握壽司，並塗抹醬汁

記憶體

鰻魚 海膽 鯛魚 厚蛋 …

CPU暫存器

取出鰻魚，塗抹醬汁

… 記憶體內部資料排列方式：被稱作位元組次序（順排）、Endian排序法等等

… CPU內部暫存器的處理

… 命令CPU時的語言：指令集架構

依CPU不同，這些機制也會有所差異

Point

- 由於性能的提升，PC伺服器（x86架構伺服器）現在已然成為伺服器的入門款
- 除了PC伺服器以外，類UNIX伺服器、大型主機和超級電腦亦屬伺服器的範疇內

≫ 伺服器的級別

高階機種與入門機種

若將大型主機與超級電腦歸類在伺服器之中，那麼這類機種無疑居於頂級。

到上一節為止，我們雖然對包括外形在內的各種類型做了解說，不過也可以單純分成高階機種與入門機種2種（圖2-13）。

雖然汽車用車輛大小和排氣量來區分會很好懂，但在伺服器上，不同製造廠會有不同的思路。

請把這件事作為參考銘記在心。

此外，尺寸大的東西通常都很貴。

高階與入門款的區別辦法

基本上雖然會以高可靠性和高效能來分，不過這條界線可以有好幾種考量方式。

這是撇除前面提到的頂級機種後的高階機種判定法。

- **有充分備援機制的機型屬於高階款**
- **以x86架構伺服器為入門款的類UNIX系統伺服器為高階款**

這部分是依製造廠或經銷商的產品陣容和銷售策略而定，所以沒有統一的標準。

話雖如此，還是有一些區分高階與入門機種的要點，如圖2-14所示。

- 無論外形如何，首先要查閱CPU與作業系統的規格
- 要是差異不大，就用備援機制的完備程度來分辨

從結果來看，在大多數的情況下，高階機種都是價格昂貴的。

圖2-13 　伺服器的高階與入門機種

頂級款

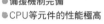

大型主機

超級電腦

高階款

●備援機制完備
●CPU等元件的性能極高

類UNIX系統
伺服器

入門款

x86架構伺服器、Intel架構伺服器

圖2-14 　分辨高階和入門機種的重點

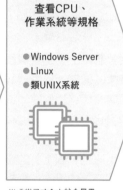

忽略外觀

查看CPU、
作業系統等規格

●Windows Server
●Linux
●類UNIX系統

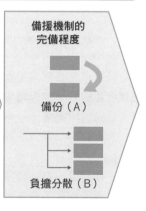

備援機制的
完備程度

備份（A）

負擔分散（B）

※通常尺寸愈大就愈昂貴

Point

∥依照各家廠商想法不同，可將伺服器分為高階與入門2種
∥高階與入門機種的分辨，可藉由CPU、作業系統或備援機制來判斷

≫ 網路的基礎為區域網路

區域網路、TCP/IP是基石

前面早已解釋過伺服器和用戶端等系統結構,而網路連接的根基在於區域網路(LAN),在這過程中則是會運用名為傳輸控制協定/網際網路協定(TCP/IP)的網路共通語言(通訊協定)建立通訊。

外觀上可分成採用區域網路電纜的有線區域網路,以及不用網路電纜的無線區域網路2種(圖2-15)。

除了區域網路以外還有哪些網路呢?廣泛來說,可以電信公司所提供的廣域網路(WAN)為代表;縮小範圍來看,則有終端間連線的藍牙(Bluetooth)通訊等等。無論如何,這些都不適用於高速且不間斷的通訊上。

愈趨增加的無線區域網路

過去只要講到伺服器網路,基本上都是有線區域網路;但近年來,**無線區域網路的使用者有增加的跡象**。當然,伺服器與網路設備之間還是依舊靠著有線區域網連接,不過用戶端和網路設備間便透過無線區域網連接。

究其原因,源自下列幾項變化:

- 採用開放式辦公室(員工座位不固定)的企業團體有所增加
- 愈來愈多人會使用從外部連接的筆電、平板和智慧型手機等設備
- 無線區域網路設備本身的性能提升,以及網路的負擔因伺服器、用戶端和各種軟體效能提升而有所減輕

今後看到區域網路纜線或網路集線器的機會大概會比現在更少吧。

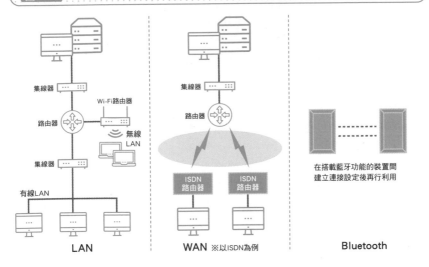

圖2-15　LAN、WAN、Bluetooth的構造

集線器

Wi-Fi路由器

路由器

無線LAN

集線器

有線LAN

LAN

集線器

路由器

ISDN路由器　　ISDN路由器

WAN ※以ISDN為例

在搭載藍牙功能的裝置間
建立連接設定後再行利用

Bluetooth

圖2-16　無線區域網路增多的背景

從置物櫃裡
拿出個人電腦

來自各式各樣
場所的連接

伺服器

用戶端

在自己喜歡的
地方工作

各種軟體的效能進化

開放式辦公室的增加

無線區域網路的
性能提升

Point

✎ 伺服器的網路連接基礎是區域網路
✎ 愈來愈多的用戶端是透過無線區域網路連到伺服器

≫ 伺服器架設位置

將伺服器設在公司外的情況增多

以前在自家公司內架設並運用伺服器是主流作法，但如今有愈來愈多的案例選擇將伺服器設置在資料中心。另外還有別的選擇，比如公司本身不具備伺服器，而是向資料中心租借機器（圖2-17）。

在自家公司架設伺服器稱為本地部署（on-premise）。

通常會將其架設在辦公室角落的專用機架上，或是資訊系統部門負責管理的專用樓層或機架中。

不同架設方式的優缺點

在公司內部架設伺服器時，會由自己人或簽約維修服務商來管理設備。

因為跟資料中心簽的合約是由資料中心業者來管理，所以使用者不需自行管理伺服器，可以專心在使用方面。讓我們來看一下「採用本地部署」和「運用資料中心」的各項優點：

- **採用本地部署**
  公司可以隨意設定伺服器，但必須加以維護，同時資料不會上傳外部網路。
- **運用資料中心**
  定期維護工作交由業者負責，資料會上傳到外部網路。

不喜歡跟資料中心簽約合作的企業團體，是因為擔心數據資料會外流。圖2-18總結了兩者的優缺點。

圖2-17　資料中心與本地部署的差異

資料中心	本地部署
透過網路連接 資料中心的伺服器	設置在企業團體 公司角落的機架上

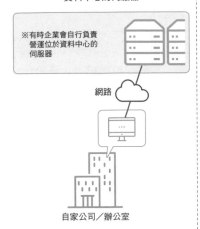

※有時企業會自行負責
營運位於資料中心的
伺服器

網路

自家公司／辦公室

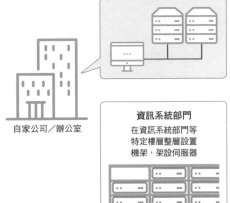

自家公司／辦公室

資訊系統部門

在資訊系統部門等
特定樓層整層設置
機架，架設伺服器

圖2-18　使用資料中心或本地設置的優缺點

	優點	缺點
資料中心	●符合條件便能立即使用 ●維護工作由資料中心負責 ●成本多半比在自家公司架伺服器還低	數據資料會上傳到外部網路
本地部署	●公司可自由設定伺服器 ●要掌握引進伺服器的相關技能	●在架設完成前需耗費一定工時 ●維護工作必須自行處理 ●成本不低

Point

🖉 伺服器不只可以架設在公司裡，還能選擇利用資料中心業者的服務

🖉 依照架設方式的不同，各有優缺點

>> 雲端服務的種類

雲端是各種系統的基底環境

　　雲端這個詞，大眾認知到的多是指「公司沒有與伺服器相關的資訊科技資產，因此接受網際網路對面的服務」的概念。這種服務正在急遽拓展，如今已慢慢成為**各種系統的基底環境**。

　　圖2-19顯示本地和雲端伺服器的架設位置。

雲端的3種主要服務

　　SaaS（Software as a Service，軟體即服務）、IaaS（Infrastructure as a Service，基礎設施即服務）、PaaS（Platform as a Service，平台即服務）是目前的主流（圖2-20）。

　　而最容易理解的是SaaS。這種類型會讓使用者接受他們所提供的一切必要系統相關服務。譬如說，使用者透過網路使用業者所提供的交通費核算系統，但他並未意識到自己除了使用應用程式外，連同這套系統的伺服器和網路設備也一併運用了。尤其**規模小的系統**更常選用SaaS服務。

　　IaaS則是跟除了作業系統外不安裝任何軟體的伺服器簽約。使用者得自行安裝所需應用程式和相關數據資料庫等中介軟體。

　　PaaS介於IaaS和SaaS之間，內建資料庫等中介軟體和開發環境。

　　如上所述，使用到「aaS」的名詞還衍生出MaaS（Mobility as a Service，行動即服務）等詞彙。

　　而所謂的BaaS，則是分別在Backend（後端）、Blockchain（區塊鏈）、Banking（銀行業）等不同業界中有不同含義，所以在使用這類縮寫時要多加留意。

圖2-19 從本地到雲端

企業／團體本地部署

在本地部署下，使用者可親眼見
到伺服器的模樣

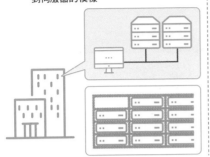

雲端服務業者

伺服器在雲端，代表使用者看不見伺服器，
從而無法意識到它的存在

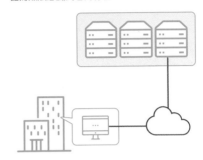

※使用者藉由網際網路訪問雲端服務供應商的資料中心。
作為雲端服務業者，Amazon、微軟、Google、富士通和IBM等公司正互相激烈競爭

圖2-20 SaaS、IaaS與PaaS之間的關係

伺服器、 網路設備	作業系統	支援應用程式 運作的中介軟體	如商用系統一類的 應用軟體
		應用軟體的 開發環境	

SaaS ⟶

PaaS ⟶

IaaS ⟶

● SaaS正以小型系統為中心拓展版圖
● 有些軟體需要時間來建構環境，因而建議選用PaaS或SaaS

Point

✎ 透過網際網路運用系統的服務，統稱為雲端服務
✎ 以SaaS、IaaS、PaaS等服務為代表

» 雲端服務的益處與 須注意的重點

雲端服務的益處

雲端服務急遽壯大，下方概略列舉出它的優勢（圖2-21）：

- **不須維護**

    特別是SaaS，因為它在使用時就全部含括在內，所以相當簡單。

    另外，也不需要考慮購買和維護伺服器及網路設備。

- **靈活應變**

    可因應公司業務的拓增或縮減，臨機應變地調整伺服器的擴充或減少。

- **成本相對較低**

    比起公司內部的添購、研發及使用來說，更能壓低成本。

由於雲端服務供應商會接觸到很多有同樣需求的使用者，所以會依不同的服務確實產生成本效益。另外，使用者也能自行選定符合自身需求的服務，如SaaS、IaaS或PaaS等。

須注意的重點

不得不留意的一點是**資料的處理**。

只要採用雲端服務，在這當中流通的數據就會進入服務供應商的伺服器裡。因此，「機密資訊或個人資料等需要更高安全層級的數據是否可以外流」的議題時常被提出來討論（圖2-22）。

這或許也跟最近大型企業的個資洩漏問題有關，很介意這一點的企業就不會使用雲端服務。

圖2-21 ‧‧‧‧‧‧‧‧‧‧‧‧‧‧‧‧‧‧‧ **雲端服務的益處**

不須維護：由服務供應商進行維護工作

靈活應變：可依公司業務的增減隨機應變，調整伺服器大小

成本低廉：因為服務供應商會接觸到很多同類型的客戶

圖2-22 ‧‧‧‧‧‧‧‧‧‧‧‧‧‧‧‧‧‧‧ **須注意的重點**

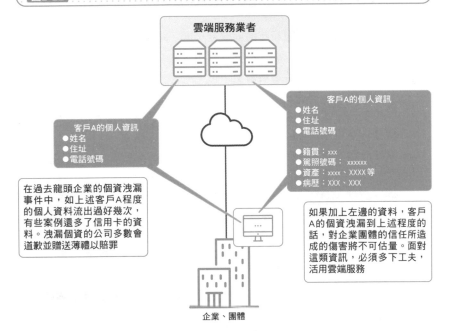

雲端服務業者

客戶A的個人資訊
● 姓名
● 住址
● 電話號碼

● 籍貫：xxx
● 駕照號碼： xxxxxx
● 資產：xxxx、XXXX 等
● 病歷：XXX、XXX

客戶A的個人資訊
● 姓名
● 住址
● 電話號碼

在過去龍頭企業的個資洩漏事件中，如上述客戶A程度的個人資料流出過好幾次，有些案例還多了信用卡的資料。洩漏個資的公司多數會道歉並贈送薄禮以賠罪

如果加上左邊的資料，客戶A的個資洩漏到上述程度的話，對企業團體的信任所造成的傷害將不可估量。面對這類資訊，必須多下工夫，活用雲端服務

企業、團體

Point

✎ 從維護和成本的角度來看，雲端服務很有可能會再進一步發展
✎ 使用者的數據資料會進入服務供應商的設備之中，依所處理的資訊不同，也有些企業對資訊的流出感到猶豫

» 大型主機與超級電腦的差別

大型主機是伺服器嗎？

大型主機又名「主機」或「大型電腦」。大型電腦在商業統計上屬於伺服器的一部分。

在日本會稱這種主機為「通用型」，這是由於在它上市以前，日本的電腦區分成科技用和商用2種。自1960年代後，才出現兩邊通用的機種（圖2-23）。

筆者個人認為大型主機和普通伺服器不同，理由如下：

● **作業系統和硬體是專屬規格**

　　從日本市場中可舉出IBM的z或MVS、富士通的MSP或XSP、NEC的ACOS等系列產品。不論哪種產品，都會採用各廠商自己的大型主機專用作業系統。

● **每種元件的機殼各自獨立**

　　CPU、記憶體和硬碟等，各個元件的機殼都不一樣。像CPU和硬碟這種，有時還會依數量來劃分機殼。最近基於機體小型化的需求，還出現一種名為「彙整款」的產品，會把元件一併放入同個機殼內。

　　不管哪一種，大型主機都需要比普通伺服器更寬廣的空間。

● **極其可靠**

　　比起一般伺服器，大型主機的可靠性更高。整體而言成本較高也是事實。

電腦的巔峰：超級電腦

超級電腦是一種專門強化科技計算能力的電腦，其性能可說是**電腦的巔峰之作**。

超級電腦是各家製造廠謀求當代最佳性能的電腦（圖2-24）。

圖2-23 ······ **大型主機的特色**

大型主機

正式用 #0

待機用 #1

- 用於企業團體的大型關鍵任務工作
- 堅固牢靠是其賣點,不過成本也比較高
- 大多採取正式用與待機用2台裝置的備份結構

硬體組成概況

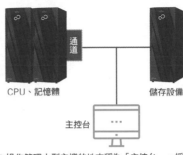

通道

CPU、記憶體   儲存設備

主控台 ···

- 操作管理大型主機的地方稱為「主控台」,採專用輸入出設備
- 透過名為「通道」的裝置,連接CPU與儲存設備等周邊裝置

圖2-24 ······ **超級電腦的特色**

- 英文為Supercomputer
- 追求計算功能、通訊功能和儲存容量的極致
- 最近也把低功耗當作研究課題

相關術語:機殼

意指硬體的專用外殼。
有關伺服器一類的機殼功能,列舉如下:
- 緩解來自外部的衝擊
- 防塵、隔音,部分產品甚至防水
- 散熱對策

Point

- 大型主機連同作業系統在內都是專屬規格,不過可靠性非常高,價格也很昂貴
- 每種元件的機殼各自獨立,所以必須要有足夠寬廣的空間
- 超級電腦可說是電腦巔峰之作

≫ 伺服器的專屬軟體

什麼是中介軟體？

若以軟體的層級來表示，中介軟體位於作業系統與應用軟體之間，**用來提供作業系統的擴充功能與應用軟體的共用功能**。反過來說，個別應用軟體本身不須具備共用功能。

伺服器和個人電腦的定位不同，對中介軟體的需求也大相逕庭。假如把伺服器比喻成郵局，它負責的是送貨到每個家庭，甚至調整後還能寄送到國外；而個人電腦則是收取寄到家中的郵件，或是把信件投入郵筒——這便是它們的差別。

另外，比較熱門的中介軟體包含資料庫管理系統（DBMS）、Web Services等。

圖2-25嘗試將硬體也含括在內，以4個階段來表示軟體層級。

中介軟體的代表產品：資料庫管理系統

舉例來說，在採用資料庫管理系統（DataBase Management System，DBMS）作為保管數據資料的容器後，**從資料的存入讀取到儲存保管都會更有效率**。

甚至可以說，只要是會處理大量數據的系統，其後台就幾乎必定有資料庫管理系統的存在。

從應用軟體研發人員的立場來看，只要能適應資料庫管理系統所發布的介面或資料格式，就可以獲得Oracle資料庫或微軟SQL Server等資料庫管理系統提供的數據保存、搜尋和分析等通用功能。

如圖2-26所示，使用者看到的僅有商業應用軟體，但其背後往往有一套資料庫管理系統在處理數據資料。

圖2-25 軟體的層級

應用軟體	例：商用系統、Excel
中介軟體	例：DBMS、Web Services
作業系統	例：Windows、Linux
硬體	例：伺服器、個人電腦

DBMS範例

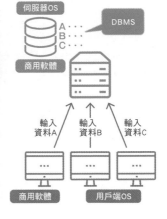

圖2-26 資料庫管理系統範例

使用者只會看到商業應用軟體的畫面，
而資料庫管理系統多在幕後運行

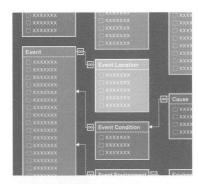

● 上方圖例為關聯式資料庫（RDB）
● 數據个重複，容易搜尋

Point

🖉 在運用伺服器的應用軟體上，使用中介軟體的做法愈來愈常見
🖉 資料庫管理系統是中介軟體的代表

動 手 試 一 試

做一套主從模型應用軟體～建立HTML檔案～

基於自己希望共享的資訊製作網頁。請試著按照HTML的規範實際編寫程式碼吧。假設現在要分享前例中的2個項目：

- 服務A的合約數量　○○份
- 服務A的合約金額　○○元

希望共享的資訊範例

○ 以HTML程式碼為例

```
<html>
<head>
 <title>資訊共享範本</title>
</head>
<body>
截至今天（4月1日）<br>
・服務A的合約數量……10份<br>
・服務A的合約金額……5,000,000元<br>
  </body>
</html>
```

>
代表換行的意思

加上日期和具體的數字以體現真實感。此外，為便於閱讀，在句首添增項目符號（・）。

請在檔案名稱加上副檔名「.htm」或「.html」，適當取個檔案名稱並儲存。

用瀏覽器打開這份已儲存的檔案，檔案畫面將顯示如下：

○ HTML檔案打開時的模樣

```
截至今天（4月1日）
・服務A的合約數量……10份
・服務A的合約金額……5,000,000元
```

請實際填寫自己想共享的資訊並建立檔案。

（接續請看第84頁）

伺服器是做什麼的？

～虛擬化與周邊設備～

» 首先是系統，其次為伺服器

系統化的研究

我們在第1章和第2章對伺服器的概要和基礎知識做了一番講解。而在第3章中，我們不僅探討伺服器，還要把目光放在其他周邊相關技術上。

在研究系統化之際，一開始要考量的便是「此時需要什麼樣的系統」。

雖說本書將主題定為「伺服器」，但事實上，**在規劃伺服器之前，得先對系統有一定的概念**。

如圖3-1所示，系統使用者或系統企劃會先在腦海裡描繪自己期望的系統樣貌，並在實現這些規劃的過程中商討需要什麼樣的伺服器。

這時派上用場的，就是藉由前面第1章提到的3種應用形態和輸出入、統計分析等模式化手段來歸納整理。雖然這只不過是其中一個例子，但有了核心，便能藉此加快系統化研究的進展。

一旦對自己期望的系統模樣有一個清楚的認知，就能預測這套系統需要什麼樣的伺服器。

具體實現系統規劃

對系統有了大略的想法後，便要更進一步掌握跟這套系統的規模有關的具體數字，例如使用者人數或據點（網站）數量等等。只要看到具體的數字，應當就**能大致說明要架設什麼樣的系統**。也可以更具體地找出跟伺服器有關的需求（圖3-2）。

雖然僅憑「期望的系統樣貌」很難有一個實際的進展，但添加各種數據來討論，並結合先前的觀點，一步步向前邁進，如此終究能讓我們所求的系統呈現出一個具體的樣貌。

圖3-1 ·········· 系統化研究與伺服器之間的關聯

| 期望的系統樣貌 | 該具備什麼樣的伺服器？ |

- 先對系統有一定概念後，再去規劃伺服器
- 不要先做伺服器的規劃

圖3-2 ·········· 具體系統的規劃

系統樣貌 ➡ 使用者的
人數、據點（數）➡ 何款伺服器？

要對伺服器有概念，必須先有系統規模相關的數據

表現系統研發規模的2大單位

❶人月（Man-month）
1名工程師1個月需要參與研發工作20天的概念。
譬如一套系統需要4個人做6個月才做得完，便等同於24人月

❷碼行
在程式研發上，以一行程式碼為基準來計算規模的概念。
雖然依系統不同而有所差異，但1人月約為1,000~3,000碼行。
這是在傳統COBOL等語言上開發時所用的概念，最近已經很少用了

其他還有功能點分析、建構成本模型（COCOMO）等估算方法

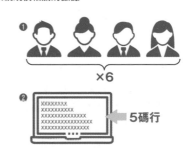

Point

- 在研究系統化上，最初不會去考量伺服器
- 在描繪系統初期樣貌後，再做伺服器的規劃

》 系統結構會隨規模而改變

系統的規模

比如說，假設有一家剛成立不久的企業計劃引進新的客戶管理系統。

這時，正如前一節介紹過的一樣，他們在做系統化研究的過程中確定了自己期望的系統樣貌。

那麼問題就變成：「實現這套系統的硬體和軟體是什麼？」，這一點將**會隨系統規模變動**。

要管理的客戶數據是1,000人份還是10,000人份、同時進入系統的員工是10人還是100人——儘管有人會覺得這些數據實際上不會有太大差異，但它們都會大幅影響伺服器的選擇（圖3-3）。

另外還有一些**系統性能上的需求**，像是搜尋客戶資料得花多少時間等等。系統的效能以毫秒為基準。如果是一台極速運轉的系統，有時也會將上述目標訂在千分之幾秒到千分之一秒之間。

據說人們在瀏覽外部網站時，就算等待時間略長也能忍受，但公司內部的網站或系統若是得等待超過3秒，它的評價就會大幅下滑。

效能評估與規格評估

如上所述，從引進系統前的條件推斷伺服器的效能應達到什麼程度，再計算出相關數值，這就是所謂的效能評估。

在做完效能評估後，根據CPU、記憶體、硬碟、輸出入效能等資訊挑選伺服器則叫規格評估（圖3-4）。

效能評估和規格評估這2個詞，即使面對非伺服器的設備也會使用。這點我們會在第8章詳細說明。

圖3-3 伺服器會因系統規模而變動

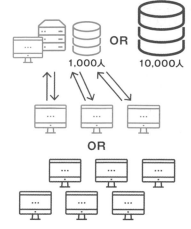

OR

1,000人　　10,000人

要管理的客戶是1,000人，還是10,000人
→所需硬碟容量或資料庫大小將大相逕庭

OR

同時進入系統的員工是10人，還是100人
→所需記憶體將有所不同

透過插圖可以得知，系統規模的差距會帶來很大的影響

圖3-4 效能評估與規格評估

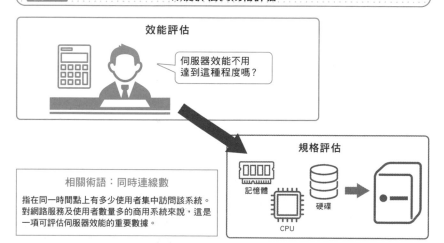

效能評估

伺服器效能不用
達到這種程度嗎？

相關術語：同時連線數

指在同一時間點上有多少使用者集中訪問該系統。
對網路服務及使用者數量多的商用系統來說，這是
一項可評估伺服器效能的重要數據。

規格評估

記憶體
硬碟
CPU

Point

✎ 依系統規模的不同，所選的伺服器也會有所變化
✎ 挑選合適的伺服器稱為規格評估，在這之前還必須進行效能評估

» 真的有必要架設伺服器嗎？

個人電腦也能做很多工作

　　跟以前不一樣，現在的個人電腦性能變得很卓越。依照機種的不同，甚至還有具備往昔伺服器規格的電腦存在。如今個人電腦已經可以勝任相當多的工作和處理程序，這點毋庸置疑。尤其規模小的系統更需要重新確認這個問題。試著重新思考無論如何都需要伺服器的理由吧！

- 用來當多台用戶端共用數據資料的載體
- 希望務必避開系統中止或數據丟失等問題

　　若是獨立電腦，就**沒辦法像主從模型那樣拿來當共用裝置使用**。此外，個人電腦的構造也不如伺服器堅固耐用（圖3-5）。

給自己一個重新審視的機會

　　試想在目前研究的系統中，共用功能真的必須要有嗎？舉例來說，也有案例是：即使想讓大量員工用到這套系統，但在調查輸入資料的時間與數據後，發現雖然資料輸入要好幾個人來做，但同一時間只會有一個人進行。

　　針對突如其來的故障或錯誤，也可以靠DVD或記憶卡勤勤懇懇地備份，以防萬一的數據丟失。

　　其實原本沒打算講到這個地步，不過在引進系統或伺服器時，也必須斟酌一下投資報酬率（圖3-6）。

　　在追加新的商用系統前，得先思考是不是其實現有的伺服器和電腦安裝應用軟體就夠用等問題——必須要有會去考量低成本手段是否可行的態度。

圖3-5 .... **必須架設伺服器的理由** ....

● 用來當多台用戶端共享數據資料的載體
● 希望務必避開系統中止或數據丟失等問題

→必須架設伺服器

相關術語：超前置作業

意指在系統研發流程中，排在系統設計前的下列工序：

● 系統發展方向
● 系統發展計畫
● 需求定義

※也有人把需求定義歸類在前置作業中

在考量投資報酬率時，系統發展的方向和計畫相當重要。

圖3-6 .... **留心投資報酬率** ....

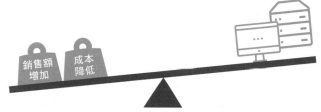

伺服器所花費的成本比個人電腦高，所以也要確認投資報酬率

IT投資報酬率

$$IT投資報酬率 = 成效（額度）\div 投資金額$$

投資金額可從所需成本和工時等數據計算出來。成效（額度）則是結合以下因素計算：

● 銷售額增加或成本降低等實際成效數據
● KPI（Key Performance Indicator，關鍵績效指標）的達成狀態
● 進行理論上的價值評估，例如提升顧客滿意度、增加員工滿意度及以其他公司為基準的評估等

Point

✎ 面對小型系統時，也必須考量以個人電腦實現目標的選項
✎ 同時多注意投資報酬率

≫ 如何看待伺服器下游的電腦？

從伺服器或下游電腦登錄都一樣

伺服器與其下游電腦之間，會用IP位址互相呼叫。

IP位址是**用來在網路上識別通訊對象的號碼**，表示方式是以小數點隔開4個介於0到255間的數字。

因為是依個別網路訂定的位址，所以別的網路可能也會存在跟自己號碼相同的設備。

當要連接公司內部的檔案伺服器時，會指定類似「\\x\server01」的路徑名；而在連結公司外部網站之際，則是會像「http://www.shoeisha.co.jp」這樣指定網址。這些動作背後都有IP位址做定位，只是我們沒有意識到這一點罷了。

IP位址與MAC位址

若用一句話來解釋，IP位址是電腦軟體所認知的電腦住址，MAC位址則是硬體識別的地址。

MAC位址是一串用於在自家網路中鎖定特定裝置位置的數字。真實的MAC位址是由5個冒號或連字號連接6個兩位數的英數字組成。

要再詳細一點說明的話，就請先參照圖3-7，了解從接收端電腦的IP位址確認MAC位址的步驟吧。

應用軟體會指定IP位址，再按照位址列表確認MAC位址。雖然有點複雜，但請趁這個機會記住它吧！

在圖3-7確認IP位址和MAC位址之後，將數據上傳到目的地。如圖3-8所示，一步一步踏實前進。

這些步驟都是在使用者沒有意識到的瞬間進行的。

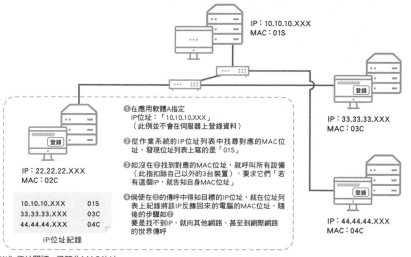

圖3-7 透過IP位址查詢特定對象的MAC位址

IP：10.10.10.XXX
MAC：01S

❶在應用軟體A指定
IP位址：「10.10.10.XXX」
（此例並不會在伺服器上登錄資料）

❷從作業系統的IP位址列表中找尋對應的MAC位址，發現位址列表上寫的是「01S」

IP：33.33.33.XXX
MAC：03C

❸如沒在❷找到對應的MAC位址，就呼叫所有設備
（此指扣除自己以外的3台裝置），要求它們「若有這個IP，就告知自身MAC位址」

IP：22.22.22.XXX
MAC：02C

❹倘使在❸的傳呼中得知目標的IP位址，就在位址列表上紀錄該IP反饋回來的電腦的MAC位址，隨後的步驟如❷
要是找不到IP，就向其他網路，甚至到網際網路的世界傳呼

10.10.10.XXX	01S
33.33.33.XXX	03C
44.44.44.XXX	04C

IP位址紀錄

IP：44.44.44.XXX
MAC：04C

※為便於閱讀，已簡化MAC位址

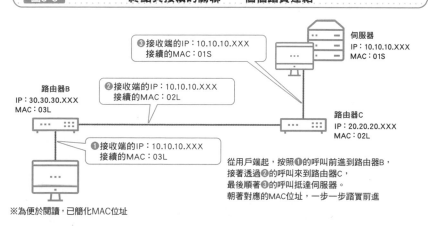

圖3-8 終點與接續的關聯 一個個踏實連結

❸接收端的IP：10.10.10.XXX
接續的MAC：01S

伺服器
IP：10.10.10.XXX
MAC：01S

路由器B
IP：30.30.30.XXX
MAC：03L

❷接收端的IP：10.10.10.XXX
接續的MAC：02L

路由器C
IP：20.20.20.XXX
MAC：02L

❶接收端的IP：10.10.10.XXX
接續的MAC：03L

從用戶端起，按照❶的呼叫前進到路由器B，
接著透過❷的呼叫來到路由器C，
最後順著❸的呼叫抵達伺服器。
朝著對應的MAC位址，一步一步踏實前進

※為便於閱讀，已簡化MAC位址

Point

✐ 電腦之間會透過IP位址和MAC位址鎖定交流數據的對象

✐ IP位址相當於電腦軟體所認知的電腦住址，MAC位址則等同於硬體識別的地址

第
3
章

如何看待伺服器下游的電腦？

》 伺服器與下游電腦間的數據交流

TCP/IP的4層架構

伺服器與下游電腦間的數據交換採用**TCP/IP通訊協定**,這套協定可透過4個階層來表示(圖3-9)。

一開始必須先決定好伺服器和下游電腦的應用軟體之間的數據格式與收發順序。例如網頁上常見的HTTP、電子郵件的SMTP或POP3……這些都是「應用層」的通訊協定。

雖然雙方如何交換數據資料是由應用層來決定,但接下來向對方傳送數據的工作卻是由「傳輸層」負責。傳輸層裡頭有2種通訊協定:TCP協定和UDP協定。

TCP協定會在每次傳送數據時明確表示接收端和數據內容;**UDP協定**(User Datagram Protocol,使用者資料封包通訊協定)則是像電話一樣,一旦和對方連接上,直到切斷連結以前都會持續進行數據交流,不會去意識到接收端是否接受。

在數據交換的既定規則、發送和傳輸完資料後,便要決定後續該採用哪一條傳輸路線。這部分則是藉由前一節的IP位址,也就是名為「網際網路層」的階層來判斷。

定好路線之後,最後則是實體的工具。

無線Wi-Fi、藍牙、有線區域網路和紅外線等實體物階層稱作「網路介面層」。

數據封裝

前面按照伺服器及下游電腦的順序將TCP/IP的4個階層一一說明完畢。複習一下,這4層是應用層、傳輸層(TCP與UDP)、網際網路層和網路介面層。

如圖3-10所示,在各個階層中,數據都會被加上標頭**封裝**起來,再送往下一個階層。

圖3-9 ······················· **TCP/IP的4層架構** ·····················

上下樓梯，把數據傳給對方

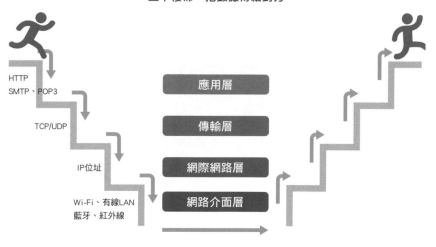

HTTP
SMTP、POP3

應用層

TCP/UDP

傳輸層

IP位址

網際網路層

Wi-Fi、有線LAN
藍牙、紅外線

網路介面層

圖3-10 ···························· **數據的封裝** ····························

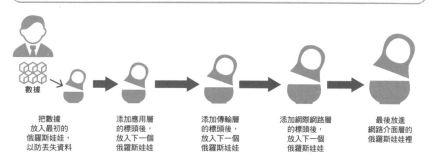

數據

把數據 放入最初的 俄羅斯娃娃， 以防丟失資料	添加應用層 的標頭後， 放入下一個 俄羅斯娃娃	添加傳輸層 的標頭後， 放入下一個 俄羅斯娃娃	添加網際網路層 的標頭後， 放入下一個 俄羅斯娃娃	最後放進 網路介面層的 俄羅斯娃娃裡

一旦進到對方的網路，俄羅斯娃娃就會被逐一移除，最後恢復成原來的數據

※以俄羅斯傳統工藝品聞名的俄羅斯娃娃大多是5個一組

Point

∥伺服器與下游電腦間的數據交換採用TCP/IP通訊協定的階層架構

∥數據會在各層封裝，再傳輸到下一層

» 伺服器與路由器的功能差異

用途的分歧

伺服器會與下游電腦和設備一起處理各種資料數據。當然,也有的伺服器是單獨進行高效處理。

相較之下,像路由器這類的網路設備會在連接各台電腦時,**協助對方執行數據處理**。

因此,除了獨立電腦以外,伺服器和網路設備是一心同體、密不可分的關係。

再具體一點說明的話……上一節提到了TCP/IP的4層架構,裡頭的網際網路層屬於電腦與路由器等裝置的工作,網路介面層則是交由區域網路卡和網路集線器負責。

路由器的職責

這邊我們先來了解一下路由器的職責。

先前在**3-4**談過IP位址跟MAC位址。伺服器對下游電腦實施處理程序時,會指定自己與對象電腦的IP位址和MAC位址。除非採用的是對等網路通信(P2P),不然就要透過路由器來傳輸資料。

路由器總是在盤算**傳輸過來的數據是自己要送到接收端,還是自身只是它通往下一個路由器的中介角色**。後者的情況,數據會傳輸給路由器判斷的適當裝置。藉著反覆執行這個動作,就能夠將數據送到目標電腦手中(圖3-11)。

伺服器負責處理資料和管理下游電腦,路由器則在網路營運上扮演重要的角色。

另外,就如圖3-12所示,伺服器也有**查看網路設備等裝置運作狀態的功能**。

圖3-11　伺服器與路由器的功能差異

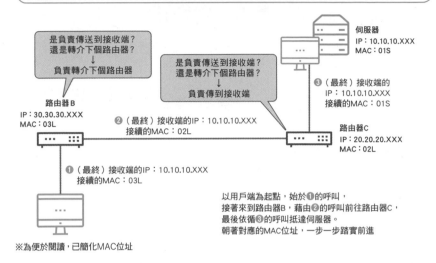

是負責傳送到接收端？
還是轉介下個路由器？
↓
負責轉介下個路由器

是負責傳送到接收端？
還是轉介下個路由器？
↓
負責傳到接收端

伺服器
IP：10.10.10.XXX
MAC：01S

❸（最終）接收端的
IP：10.10.10.XXX
接續的MAC：01S

路由器B
IP：30.30.30.XXX
MAC：03L

❷（最終）接收端的IP：10.10.10.XXX
接續的MAC：02L

路由器C
IP：20.20.20.XXX
MAC：02L

❶（最終）接收端的IP：10.10.10.XXX
接續的MAC：03L

以用戶端為起點，始於❶的呼叫，
接著來到路由器B，藉由❷的呼叫前往路由器C，
最後依循❸的呼叫抵達伺服器。
朝著對應的MAC位址，一步一步踏實前進

※為便於閱讀，已簡化MAC位址

圖3-12　伺服器還能查看網路運作狀態

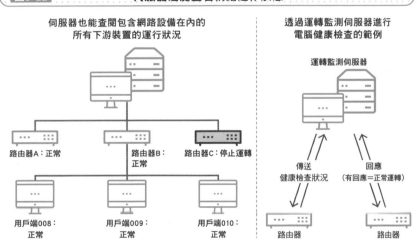

伺服器也能查閱包含網路設備在內的
所有下游裝置的運行狀況

透過運轉監測伺服器進行
電腦健康檢查的範例

運轉監測伺服器

路由器A：正常　　路由器B：
　　　　　　　　　正常　　路由器C：停止運轉

用戶端008：　　用戶端009：　　用戶端010：
正常　　　　　　正常　　　　　　正常

傳送
健康檢查狀況

回應
（有回應＝正常運轉）

路由器　　　　　　　　路由器

Point

🖉 路由器在網路中扮演著重要的角色
🖉 伺服器亦能查看網路或網路設備的運作情況

» 伺服器與桌上型電腦的虛擬化

用途的分歧

伺服器的虛擬化，意指「1台實體伺服器在理論上置入多台伺服器功能」的概念。也有人稱其為虛擬伺服器。

圖3-13為兼具2台伺服器的功能，這種模式具有以下優點：

- 本來要架設2台伺服器，現只需1台就能解決，因此在架設空間、耗費電力等物理方面具有優勢
- 虛擬的伺服器可以被複製轉移到另一台伺服器，轉移方法也相對容易，所以能有效預防故障和災害

另一方面，直接將1台實體伺服器劃分成2台虛擬伺服器的話，亦有**運算能力下降**的缺點。

因此，在進行虛擬化的時候，必須一併提升CPU、記憶體和網路設備等裝置的性能。

桌上型電腦的虛擬化

在虛擬伺服器不斷發展的同時，用戶端電腦的虛擬化也有所進展。這類電腦名為虛擬桌面基礎架構（Virtual Desktop Infrastructure，VDI）。

雖說它有好幾種虛擬做法，但主流方式還是在伺服器端安置1台理論上已虛擬化的桌上型電腦，然後在實體桌電的用戶端電腦上顯示它的畫面並操作（圖3-14）。

重點是，只要擁有虛擬環境，那麼就算圖例下方的桌上型電腦裡空無一物也不是問題。

接下來，讓我們從精簡型電腦和改革工作模式的角度來研究虛擬桌面基礎架構。

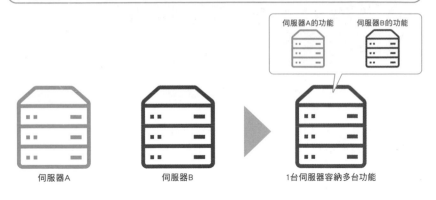

圖3-13 伺服器的虛擬化機制

伺服器A的功能　伺服器B的功能

伺服器A　　　伺服器B　　　1台伺服器容納多台功能

著名產品有VMware、微軟（Hyper-V）、Xen及Citrix等

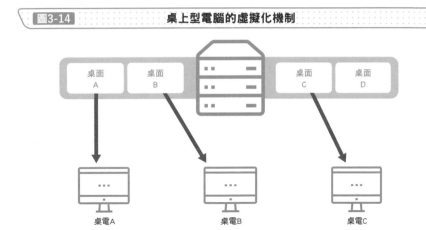

圖3-14 桌上型電腦的虛擬化機制

桌面A　桌面B　桌面C　桌面D

桌電A　桌電B　桌電C

● 桌上型電腦呼叫位於伺服器上的虛擬「自己」進行工作
● 桌上型電腦呼叫虛擬的自己時，只需最低限度的記憶體或硬碟即可執行

Point

🖉 伺服器虛擬化是指1台伺服器在理論上擁有多台伺服器的功能，藉此有效削減成本、集中擺放和預防故障

🖉 另一方面，一旦虛擬化後，有時也會讓伺服器的反應效能降低

🖉 用戶端電腦（桌電）的虛擬化技術也正在發展中

》 遠程辦公、日本工作模式改革的實現

精簡型電腦的普及

精簡型電腦（Thin Client）這個詞，指的是不搭載硬碟等元件，只能發揮有限性能的電腦。隨著企業團體的安全意識高漲，這種電腦也變得普及了起來。

若是精簡型電腦，即使用戶端遇到竊盜等情況，因為裡面不曾存入數據，所以也不會造成巨大損失。

然而，精簡型電腦這種專用電腦大多是獨立規格，所以一定不便宜，於是最近愈來愈多案例是採用和精簡型電腦同樣形態的標準規格個人電腦（圖3-15）。同時運用安全防毒軟體監測用戶端硬碟和應用軟體的使用狀況。

因此，精簡型電腦的定義也逐漸轉變為「**在伺服器上執行處理程序或保管數據等任務的用戶端電腦**」了。

改革工作模式的關鍵要素：遠程辦公

假如虛擬用戶端得以實現，那只要是能夠連上網路的地方，任何場所都能執行處理程序，更不必拘泥於1台用戶端設備上。

只需從在外勤地點使用的筆記型電腦或平板電腦、或是自己家裡那台個人電腦等裝置呼叫自己放在伺服器上那台虛擬用戶端，然後再處理就好。

這就是所謂的遠程辦公（telework）和遠端工作（remote work）。

要成就工作模式改革，必定得有能在自己家裡或外勤地點解決手上工作的高生產力環境。因此VDI這種無論何時何地都能在同樣的用戶端環境下工作的技術是必備的。

從圖3-16可看出這種技術的方便性。

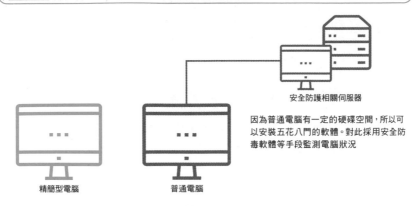

圖3-15 精簡型電腦的結構

安全防護相關伺服器

因為普通電腦有一定的硬碟空間，所以可以安裝五花八門的軟體。對此採用安全防毒軟體等手段監測電腦狀況

精簡型電腦

普通電腦

- 以前的精簡型電腦正如字面上所述，真的是輕薄精簡（Thin）的電腦
- 當時的精簡型電腦由極端小巧的硬碟等元件所組成
- 最近則是多用普通電腦來代替精簡型電腦的作用

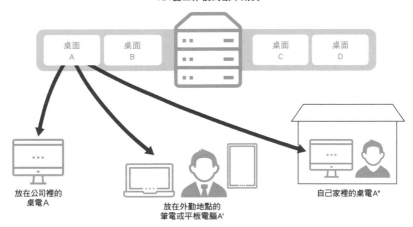

圖3-16 改革工作模式與VDI

VDI使工作模式改革成真

桌面 A 　桌面 B 　桌面 C 　桌面 D

放在公司裡的桌電A

放在外勤地點的筆電或平板電腦A'

自己家裡的桌電A"

Point

- 隨著時代變化，精簡型電腦的意義也漸漸有所改變
- 遠程辦公環境支撐著工作模式改革，而它的實現必須得應用VDI

» 網路的虛擬化

虛擬網路的背景

在虛擬化技術方面，我們已經對伺服器與桌上型電腦的虛擬化做了一番解說。網路世界也同樣正在發展虛擬化技術，所以在此先介紹一下以作參考。

目前網路虛擬化技術其中之一的Fabric Network正備受眾人關注。其有時也稱作乙太光纖網路（Ethernet Fabric）。

只要持續進行伺服器的虛擬化和堆疊化，便能不斷重複地將多台伺服器的功能塞進1台伺服器裡面。如圖3-17所示，倘若通訊環境沒有什麼太大的變化，資料通訊就會變得遠比以前大量，其性能也會有所衰減。

Fabric Network的特點

前面介紹過，伺服器的虛擬化指的是1台伺服器擁有多台伺服器的功能，桌上型電腦的虛擬化代表伺服器內含多台桌電的功能。

而Fabric Network則是將多台網路設備濃縮在1台裝置上，把以前的一對一選路改成**多任務選路**（圖3-18）。

這種網路虛擬化的想法，雖來自於資料中心這種大量架設伺服器的場所，但只要了解至今為止說明過的各種虛擬化思維與種類，相信便能將其應用在多樣化的系統上。

要是可以連我們的日常工作都引入虛擬化的概念，或許有可能能夠達成戲劇性的改善。

將一劃分為多，放在連同自身在內的共用裝置裡，把中轉站與路徑看作一個整體，這些都是相當新穎的創意。

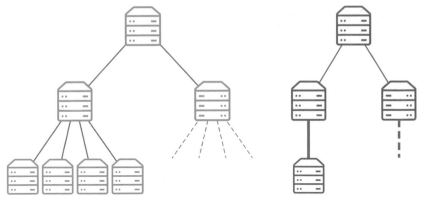

圖3-17 因濃縮伺服器而增加網路的負擔

隨著伺服器的濃縮，網路的負擔也增大許多

※為了讓圖例清楚易懂，區域網路的線段畫得比較粗，但實際上不會改變

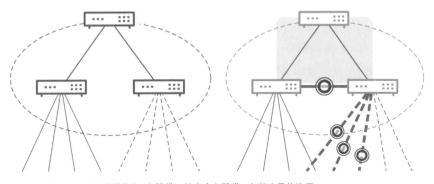

圖3-18 Fabric Network概況

●在假設上將3台網路設備化為1台設備，並由多台設備一起找出最佳路徑
●◎圖示代表新誕生的路徑範例。當然，也必須做好可進行物理連接的準備

Point

✏ 伺服器的虛擬化與濃縮化增加了網路的負擔，使網路也有必要虛擬化
✏ 隨著伺服器的濃縮化發展，Fabric Network將很有可能進一步擴大

≫ 立刻能用的伺服器

為每一個功能建置專屬的伺服器

至此已經講解完虛擬化技術的相關內容。

虛擬化技術的應用不僅提高安裝伺服器等系統硬體的效率，還能從工作方式改革之類的角度慢慢拓廣。

另一方面，還有一種思路與之截然相反——針對每一種功能架設專屬的伺服器。其代表產品是專用伺服器（Appliance Server）。

專用伺服器是一種為特定功能所設置的伺服器，上頭除了硬體和作業系統，也會安裝一些必備軟體（圖3-19）。

因此，**簡單設定完成後，馬上就能投入使用**。這種伺服器主要用於電子郵件或網際網路相關等類型的伺服器上。

專用伺服器的優缺點

由於是1台具有專用功能的伺服器，所以會有下列優缺點：

優點
- 在簡單設定下，立即可以使用
- 只強化必備功能，因此成本很低

缺點
- 能做到的事有限，不合需求就無法使用
- 很難挪用在其他功能上
- 要增加功能就要增加裝置數量

另外，雖然有點複雜，但在虛擬設備出現的同時，專用伺服器也終將實現虛擬化（圖3-20）。

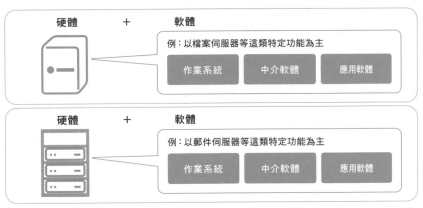

圖3-19 專用伺服器概況

硬體　＋　軟體

例：以檔案伺服器等這類特定功能為主

作業系統　中介軟體　應用軟體

硬體　＋　軟體

例：以郵件伺服器等這類特定功能為主

作業系統　中介軟體　應用軟體

● 專用伺服器上不只會添加作為硬體的伺服器，還會安裝一些必要軟體
● 因為會跟圖例一樣按照不同功能建置伺服器，所以大量使用的話，實體伺服器的數量也會變多

圖3-20 虛擬設備、虛擬專用伺服器

安裝虛擬設備，這種技術會
用虛擬化軟體將既存伺服器或集中伺服器封裝起來

伺服器A
的
功能

專用伺服器
的
功能

用虛擬化軟體打包封裝

以郵件伺服器、檔案伺服器等特定功能為主

作業系統　中介軟體　應用軟體

只要回想圖3-13的伺服器虛擬化機制就能明白它的架構

Point

∥ 專用伺服器是相較之下立刻能用的伺服器，它會針對特定功能安裝必備軟體

∥ 有了虛擬設備的思考方式，就能將專用伺服器也虛擬化

» 伺服器的硬碟

伺服器硬碟的特徵

伺服器的硬碟會採用性能和可靠性比一般電腦更高的產品,其原因如下:

- 使用者人數多,所以工作負擔高
- 有24小時持續運作的需求

首先,將性能的部分圖例化後,會像圖3-21這樣運用到潛時、通量和處理速率等指標。

對可靠性的要求

對伺服器來說,就算硬碟故障,它也務必要**馬上更換或擴充硬碟以繼續運行,或是迅速復原數據資料。**

現在的伺服器硬碟,大多數是由**RAID**(Redundant Array of Independent Disks,容錯式獨立磁碟陣列)結合**SAS**(Serial Attached SCSI,序列式傳輸介面)或**FC**(Fiber Channel,光纖通道)的類型。普遍實裝在個人電腦上的則是**SATA**(Serial Advanced Technology Attachment,序列先進技術附接)。

這些專有名詞都很難,我們嘗試將其簡化成圖3-22,方便各位看出箇中差異。

RAID感覺像是把一大疊盤子般的硬碟虛擬成一個整體,而SAS則是有多個和伺服器連接的介面,這2種裝置不容易故障,所以可靠性很高。第9章也會再次提到這個部分。

這裡又再度出現「虛擬化」這個詞。這個詞彙在談論硬體和軟體時必不可少,但其實在虛擬化發展的歷史中,硬碟才是第一個被虛擬化的裝置。

從科技趨勢上來說,以名稱為SSD(Solid State Drive,固態硬碟)的快閃記憶體為基底製造的硬碟,其普及和拓展都是可以預期的。

圖3-21 伺服器硬碟的性能需求

在輸出入（輸入輸出）數據資料的要求上，
有很多與一般電腦不同的地方！

潛時（ms）與通量（MB/S）

CPU

硬碟
（又叫做儲存設備）

硬碟
必須要能迅速回應
（潛時：從發出通訊請求到數據開始傳輸的時間，以ms表示）
（通量：數據傳輸速度，以MB/秒表示）
而且
一定要能給出大量（每秒處理速率）回應

以人來比喻就很好了解

→反應快的人

→工作速度快的人

→完成大量工作的人

不管是哪種人，
都是職場上受喜愛的類型

圖3-22 RAID與SAS的概況

SAS：
擁有2個連接埠。因為與CPU有2種資料途徑，所以效能跟可靠性都提高。
順便一提，SATA有1個連接埠

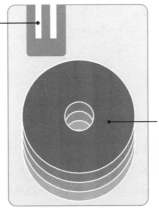

FC構造特殊，與SAS、SATA大相逕庭，常用在大型主機上。
由於使用光纖之類的材料，價格比較昂貴，但優點是可以高速傳輸資料

RAID：
可看作是將多個並列的實體磁碟虛擬成一個整體，再在適當的位置寫入數據資料

Point

📝 伺服器的硬碟會選擇安裝性能和可靠性比一般電腦更高的產品

📝 現在常見的是RAID和SAS

動 手 試 一 試

做一套主從模型應用軟體～考量系統結構～

到目前為止，我們已經整理好自己要共享的資訊，並製作了HTML檔案。

在這一節，我們要來確認系統結構。只要有1台能讓共用情報者訪問連接的檔案伺服器，在機制上就很完備了。

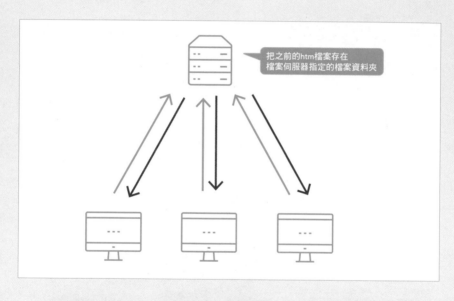

把之前的htm檔案存在
檔案伺服器指定的檔案資料夾

透過瀏覽器瀏覽由自己或相關人員的電腦儲存在伺服器上的htm檔案。
在檔案伺服器的指定檔案資料夾中儲存htm檔案，並試著打開看看。
這是很簡單的應用軟體，不過可以予以充分應用。

84

（接續請看第110頁）

對應用戶端的角色

～回應下游電腦請求的伺服器～

» 從使用者視角來思考

商用系統大多是主從系統

順應用戶端要求執行處理程序，這是伺服器的基本功能。這雖是名為主從模型的典型處理方式，不過卻很適合從使用者視角探討這套機制。

企業團體所用的**大部分商用系統**都是主從系統。伺服器的作業系統也一樣基於主從模型來考量。

在這一章中，我們會介紹一些會因應用戶端要求進行處理的典型伺服器，比如檔案伺服器、印表機伺服器等等。

用戶端的多樣化

連接伺服器的用戶端相當多樣化，這點後面我們會詳細說明。原本個人電腦才是主角，但由於從區域網路外訪問伺服器的情況增多，所以平板電腦和智慧型手機等裝置現在也算用戶端（詳見**1-6**）。

此外，就像物聯網設備一樣，電腦和平板這種非終端形態的各種裝置也都能進入用戶端的行列（圖4-1）

從使用者視角思考

所謂的使用者視角，指的是**把「為了用戶端可以提供何種服務」當作基礎**。換句話說，就是在哪個時間點接收哪些數據資料，甚或具體將對用戶端提供哪些處理手段（圖4-2）。

以前很多主從系統都是以人類操作用戶終端為前提創造的，但對物聯網設備也含括在內的現在而言，可就不一定如此了。

多樣化的用戶端

商用系統大多是
主從系統

用戶端也不僅是電腦，
而是有更多樣化的形態

物聯網設備
如今也算用戶端

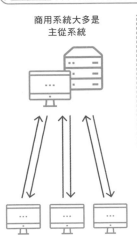

筆記型電腦

平板電腦

智慧型手機

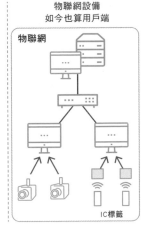

物聯網

IC標籤

站在使用者視角很重要

● 站在使用者視角上，從要提供什麼樣的服務（系統）來思考
● 從數據資料出發，構思起來更好理解

〈探討範例〉

數據／處理	探討項目	探討結果
伺服器概況	這是什麼樣的服務？	可以輸入顧客提問和回答內容的資料，一邊參考過去的答案，一邊回覆
數據資料	這是什麼樣的數據？	客戶的提問與相應回覆
	輸出入的時機點為何？	隨時
	有多少數據量？	每1件案例1KB左右，1天約100件
服務內容 （處理方式）	要執行何種處理方式？	輸入、過去資料的關鍵字搜尋，資料的分類與顯示
	處理時機點為何？	輸入與搜尋是立即處理，分類則以週為單位更新

Point

🖉 主從模型是伺服器的基本功能
🖉 用戶端不只電腦，還延伸包括平板電腦、智慧型手機，甚至物聯網設備等
🖉 主從模型的重點在於以使用者視角思考服務內容

》 檔案共享

最常見的伺服器

檔案伺服器是所有伺服器中最常見的一種。

它可以在伺服器與下游電腦之間建立、分享和更新檔案。近年來,透過平板電腦或智慧型手機等裝置,從外部網路分享檔案的企業也有增加的趨勢。

如果在沒有檔案伺服器的狀態下共用檔案,就得像圖4-3這樣,將檔案做成電子郵件附件、設定藍牙之類的傳輸方式,或者使用USB隨身碟、CD或DVD來傳輸檔案,實在很不方便。

設定存取權

檔案伺服器有一個特色功能是**設定存取權**。

Windows Server會將使用者分門別類,主要分成以下3種權限:

- 完全控制(能建立和刪除檔案)
- 修改
- 讀取和執行

在企業或團體中,經常會依幹部管理階層、基層員工及組織內外人才等條件劃分權限。

順道一提,在UNIX上的資料夾會設定r(Readable,可讀取)、w(Writable,可寫入)、x(eXecutable,可執行),各別用4、2、1的數字來表示。由於檔案擁有者和研發人員具備全部3種的使用者權限,所以代表數字為7(=4+2+1),而僅限執行的使用者則是1。

Windows Server的存取權設定如圖4-4所示,它的背後有更精細的角色式存取控制模式支援。

圖4-3　　沒有檔案伺服器怎麼辦？

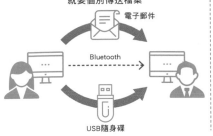

倘若檔案伺服器不存在，
就要個別傳送檔案

電子郵件

Bluetooth

USB隨身碟

只要有檔案伺服器，
便能輕鬆透過伺服器共用檔案

> 相關術語：NAS（Network Attached Storage，網路儲存伺服器）
> 透過網路連接的儲存設備，連上網路的使用者可共用檔案。

圖4-4　　Windows Server存取權設定範例

相關術語：
角色式存取控制
（Role-base access control）

連結權限與組織內的職責身分（基層
員工、幹部等），讓使用者或群組得
以受到管控的一套模式。

按照角色式存取控制，因應身分開放各種檔案、
商業應用軟體等資料的存取權

本機磁碟 (D:) - 內容　　　　　　　　　×

一般　　**安全性**

物件名稱：　　D:\

群組或使用者名稱(G)：

若要變更權限，請按一下 [編輯]。　　　　**編輯(E)…**

Authenticated Users 的權限(P)	允許	拒絕
完全控制		
修改		
讀取和執行		
列出資料夾內容		
讀取		
寫入		

如需特殊權限或進階設定，請按一下 [進階]。　　**進階(V)**

　　　　　　確定　　取消　　套用(A)

Point

✐ 檔案伺服器是最常用的伺服器，能夠共享檔案
✐ 檔案的存取權是檔案伺服器的特色功能，可依使用者的權限設定

» 共用印表機

什麼是列印伺服器？

列印伺服器是一種與下游電腦共用印表機的伺服器。

印表機的共用是近十年來變化最大的伺服器或者說是功能之一。

圖4-5呈現了它的歷史變遷。中、大型組織會設定1台列印伺服器，讓用戶端共用1台或多台印表機，小規模的組織則是不太使用列印伺服器，反而習慣運用1台網路印表機。

然而因為硬體微小化與電路板化的技術大幅進步，最近幾年列印伺服器的功能已被內建在印表機或多功能事務機之中。印表機或多功能事務機逐漸取代列印伺服器以後，未來應該就很難再看到獨立的列印伺服器了。

支援無線區域網路

隨著多功能事務機變成列印伺服器，**印表機也開始利用無線區域網路發展網路化**。趁應用場面多元化之際，也希望能順勢檢查一下印表機的存取權（圖4-6）。

企業團體所用的多功能事務機和印表機通常比較大台，重量也比較重。若能連上無線區域網路，不僅安裝完可以很快投入使用，也能大幅增加設計和變更辦公室布局的靈活度。

此外，還有一種做法是將這套機制與使用者驗證程序結合，**支援手機終端發出的列印請求**。

這樣看起來，最新的印表機和多功能事務機或許可說是依據使用者和市場上的需求進化和成長的產品。儘管人們認為將來無紙化的浪潮將席捲印表機行業，但就算不印刷的時代來臨，也依舊可以期待這塊領域有更進一步的進化。

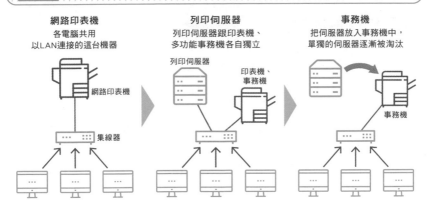

圖4-5 印表機與列印伺服器的演變

網路印表機
各電腦共用
以LAN連接的這台機器

網路印表機

集線器

列印伺服器
列印伺服器跟印表機、
多功能事務機各自獨立

列印伺服器

印表機、
事務機

事務機
把伺服器放入事務機中,
單獨的伺服器逐漸被淘汰

事務機

圖4-6 印表機的應用場景和存取權

由於採用無線LAN,
因此設置自由度高

用戶端也增設無線區域網路,
使辦公室布局的靈活度增加

集線器　　路由器　　Wi-Fi存取點

印表機也有存取許可(使用者權限)功能,可以設定
目標印表機的安全性(圖為Windows 10的範例畫面)

Point

✐ 大眾對列印伺服器的普遍認知是共用印表機的伺服器,不過印表機和多功
能事務機內建伺服器的功能正在逐步發展

✐ 從辦公室布局設計自由度的需求上來看,無線區域網路的需求將日益高漲

≫ 實現時間的同步化

時間同步化

NTP伺服器是用於在包含伺服器與下游電腦的網路內**使時間同步**的伺服器。NTP是Network Time Protocol（網路時間協定）的縮寫。

一旦各台設備的時間設定不同，設備就無法正確遵循指定時間執行處理程序。雖然這種伺服器不太起眼，但卻具有重要的功用（圖4-7）。

伺服器、電腦、網路設備及其他設備內部原本就有時間資訊，而這種伺服器會讓這些裝置的系統時間維持同步。

同步時間的方法

要同步裝置的時間，**需由用戶端向伺服器詢查詢並確認當下系統時間**。

如果時間處理上較為嚴格，就要短間隔頻繁且定期地進行確認，否則得在通訊當下進行這道程序。

也許會有人抱持著「NTP伺服器本身的時間不會有誤嗎？」的疑問。

在日本有一間提供國家標準時間的機構，名為國立研究開發法人情報通信機構（NICT），為了避免上述情況發生，我們的NTP伺服器會與這個機構的NTP伺服器和人工衛星進行同步※註。

在專用術語上，NTP伺服器的頂層稱為Stratum 0，網路內的NTP伺服器則是Stratum 1。到了用戶端電腦的階層後，階層架構變成Stratum 3或4。階層1的伺服器向階層0的伺服器確認時間後，再由階層2向階層1進行查驗，NTP伺服器會像這樣以絕對的階層關係來維持時間的準確度（圖4-8）。

※註 台灣由中華電信研究院的國家時間與頻率標準實驗室管理授時，該實驗室提供多組伺服器網址（如：clock.stdtime.gov.tw），也有網路校正軟體可下載使用。詳見：https://www.stdtime.gov.tw/chinese/home.aspx

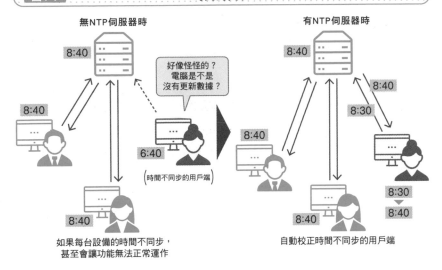

圖4-7 時間的同步

無NTP伺服器時

有NTP伺服器時

好像怪怪的？
電腦是不是
沒有更新數據？

（時間不同步的用戶端）

如果每台設備的時間不同步，
甚至會讓功能無法正常運作

自動校正時間不同步的用戶端

圖4-8 維護時間同步的階層架構

NICT（國立研究開發法人情報通信機構）提供1台直接連線日本標準時間的NTP伺服器

NTP伺服器名稱：ntp.nict.jp

http://jjy.nict.go.jp/tsp/PubNtp/index.html

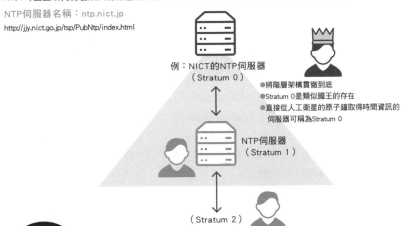

例：NICT的NTP伺服器
（Stratum 0）

NTP伺服器
（Stratum 1）

（Stratum 2）

● 將階層架構貫徹到底
● Stratum 0是類似國王的存在
● 直接從人工衛星的原子鐘取得時間資訊的
　伺服器可稱為Stratum 0

Point

✎ NTP伺服器有同步網路內部設備系統時間的功效

✎ 為確保時間本身的正確性，這套階層架構會從提供國家標準時間的NTP
伺服器開始分層取得時間資訊

» IT資產管理

用戶端管理

有各式各樣的系統在企業或團體中運行，這點前面已經告知各位了。

從系統管理的立場來看，我們有必要將這些資產的狀態透明化。舉例來說，雖然個人電腦等設備應當都有資產管理編號，但這些編號是否真的有在使用呢？還有，我們花錢買了軟體授權，這些軟體實際上有用到嗎？諸如此類。

儘管桌椅等日常用品是肉眼可見的實物，可以直接計算它們的數量，但電腦是否正在運作、有無使用應用軟體等狀態的管理都要透過專用軟體來進行。

如圖4-9所示，這套機制會**在伺服器和下游電腦安裝專用軟體**。

而該軟體會按照企業團體的管理狀態，定期與伺服器和用戶端兩邊的軟體聯繫。

所獲取的資訊內容

用戶端和伺服器交流的資訊是「目前有哪些軟體安裝在用戶端上」。因此，它也有檢測用戶端是否安裝了計畫外的軟體等安全上的意義存在。

在Windows電腦上點擊「**程式與功能**」，就能檢視安裝在這台電腦上的各式應用軟體清單（圖4-10）。

用戶端會定期將這些應用軟體清單數據化並傳送到伺服器上。

伺服器收到這些資訊後會建立一份資產清冊，這便是常見的資產管理方式。

圖4-9 在伺服器和用戶端上安裝專用軟體

- 在伺服器與用戶端兩邊
  都安裝專用軟體
- 也有些產品會自動建立資產管理清冊

- 實行軟體資產管理的工具有時稱為
  「軟體資產管理工具（Software Inventory tool）」

- 亦有一種工具會利用同樣的功能
  專門負責軟體的授權管理

- 軟體資產管理需要
  固定且週期性地執行

  ▶ 用戶端有使用軟體嗎？
  ▶ 安裝了哪些軟體？

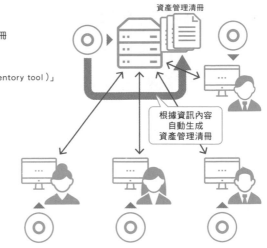

資產管理清冊

根據資訊內容
自動生成
資產管理清冊

圖4-10 從用戶端送達的資訊

名稱	發行者	安裝日期	大小
Adobe Acrobat Reader DC	Adobe Systems Incorporated	2017/4/1	230MB
......	......		
ffftp	KURATA.S	2017/4/1	2.5MB

- 顯示在Windows「程式與功能」上的應用軟體清單，其資訊會在固定的時間點傳送到伺服器上

- IT資產管理產品主要由向公司法人販售電腦的供應商所提供

- 另外，部分應用軟體會引進在執行時確認軟體授權的授權伺服器等，
  如電腦輔助設計軟體（CAD）、建築業或汽車業所使用的結構分析軟體等

Point

✐ 除了在實體上管理連接伺服器的設備，也要實施軟體的資產管理
✐ 只要在伺服器和用戶端安裝專用軟體，就能在伺服器上收集用戶端內「程式與功能」的相應資料

≫ IP位址的分配

IP位址的賦予

在3-4，我們談到網路內部的設備持有IP位址的話題。

在新電腦連接網路的時候，必須**給予該電腦一組IP位址**。擔任這份工作的就是**DHCP**（Dynamic Host Configuration Protocol，動態主機組態協定）。

連上網路的用戶端會訪問伺服器作業系統裡的DHCP服務，並取得自己的IP位址及DNS伺服器的IP位址等資訊（圖4-11）。

DHCP端則是從既定範圍內給予新連接的用戶端一組未被使用的IP位址。

IP位址的範圍和有效期限等內容由系統管理員在伺服器上設定。

所獲取的資訊內容

伺服器或網路設備等重要裝置的用途基本上不會有所改變，所以會給它們一組固定IP；但用戶端時常因各種情況變更，是故由DHCP伺服器動態分配IP位址更為恰當。在網路內連接大量機器（人）的企業團體中，這種機制特別常見。

以前IP位址是由系統管理員在收到申請後分配的，不過因為DHCP的普及，再加上它與作業系統功能的結合，如今企業團體運用DHCP管理IP位址已經變得很普遍了。

DHCP服務與用戶端之間的IP位址分配往來是一種**在確認連接狀態後執行的特殊處理程序**。用戶端被賦予的IP位址開頭必定會綴有「DHCPxx」的記號（圖4-12）。

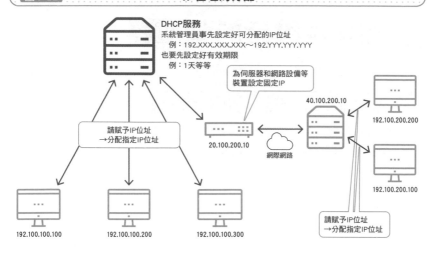

圖4-11　IP位址的分配

DHCP服務
系統管理員事先設定好可分配的IP位址
　例：192.XXX.XXX.XXX～192.YYY.YYY.YYY
也要先設定好有效期限
　例：1天等等

為伺服器和網路設備等
裝置設定固定IP

40.100.200.10

192.100.200.200

請賦予IP位址
→分配指定IP位址

20.100.200.10

網際網路

192.100.200.100

192.100.100.100　　192.100.100.200　　192.100.100.300

請賦予IP位址
→分配指定IP位址

圖4-12　分配IP位址時的往來情況

DHCP普及前

收到申請後，
由系統管理員分配IP位址

DHCP普及後

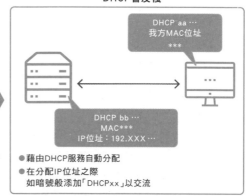

DHCP aa …
我方MAC位址
***

DHCP bb …
MAC***
IP位址：192.XXX …

● 藉由DHCP服務自動分配
● 在分配IP位址之際
　如暗號般添加「DHCPxx」以交流

第 4 章　IP位址的分配

Point

∥ 透過在伺服器作業系統上的DHCP服務動態管理用戶端的IP位址
∥ 過去曾經架設DHCP伺服器，所以也有人稱其為DHCP伺服器。不過現在
　它變成伺服器作業系統的其中一項功能

≫ 管控網路電話的伺服器

什麼是SIP伺服器？

SIP伺服器是Session Initiative Protocol（會談啟始協定）伺服器的縮寫。它是一種**管控網路電話的伺服器**，有應用網路電話技術的企業團體會引進使用。

根據日本總務省的統計顯示，固定電話的數量有逐年減少的傾向。然而，網路電話卻有增加的趨勢。未來使用這種技術的企業團體應該也會繼續增加。

網路電話是一種採用網際網路協定的電話，它藉由在網際網路上控制聲音數據的技術來實現雙方的通話。這種技術叫做**VoIP**（Voice over Internet Protocol，IP語音傳輸）。

以VoIP技術為基礎，再遵從SIP通訊協定執行通話的呼叫控制，例如撥打或掛斷電話等。

SIP伺服器的功能

SIP伺服器的作用在於**確認負責撥打電話的通訊對象的IP位址，然後設立通訊通道並呼叫對方——只到這個階段為止**。在通訊建立後，就轉由雙方的網路電話進行通話。SIP伺服器由使用者與IP位址的對照表、建立並更新對照表的功能，以及協助通話開展的功能所組成（圖4-13）。

這些功能被整合在1台伺服器等設備上運作。

在此請各位回想一下**3-10**的專用伺服器。

若是今後有計劃設置網路電話，可採用具SIP伺服器功能的專用伺服器，如此一來便能相對快速地實現這個目標（圖4-14）。

多功能事務機廠商進入列印伺服器市場，而電話製造廠則是走進SIP伺服器或專為中小型辦公室打造的專用伺服器市場，他們與一直以來的伺服器廠商之間展開了激烈競爭。

圖4-13 SIP伺服器的功能

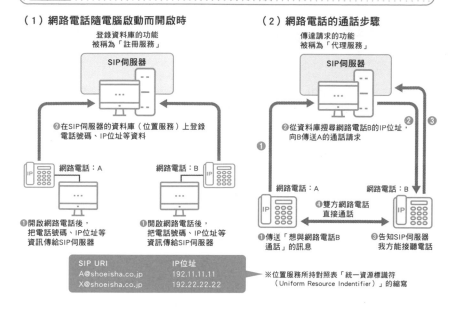

（1）網路電話隨電腦啟動而開啟時

登錄資料庫的功能
被稱為「註冊服務」

SIP伺服器

❷在SIP伺服器的資料庫（位置服務）上登錄
電話號碼、IP位址等資料

網路電話：A　　　　　網路電話：B

❶開啟網路電話後，
把電話號碼、IP位址等
資訊傳給SIP伺服器

❶開啟網路電話後，
把電話號碼、IP位址等
資訊傳給SIP伺服器

SIP URI	IP位址
A@shoeisha.co.jp	192.11.11.11
X@shoeisha.co.jp	192.22.22.22

（2）網路電話的通話步驟

傳達請求的功能
被稱為「代理服務」

SIP伺服器

❷從資料庫搜尋網路電話B的IP位址，
向B傳送A的通話請求

網路電話：A　　　　　網路電話：B

❹雙方網路電話
直接通話

❶傳送「想與網路電話B
通話」的訊息

❸告知SIP伺服器
我方能接聽電話

※位置服務所持對照表「統一資源標識符
（Uniform Resource Indentifier）」的縮寫

圖4-14 容易應用於專用伺服器上的SIP伺服器

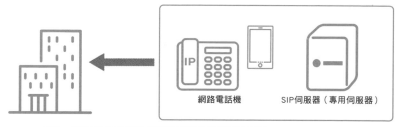

網路電話機　　　SIP伺服器（專用伺服器）

若是一併建置SIP伺服器（專用伺服器）和網路電話機，
就能盡早使用網路電話

Point

- 在固定電話數量縮減的趨勢下，網路電話有增加的跡象
- SIP伺服器讓能在網際網路上通話的網路電話得以實現
- 隨著實際架設成果的增加，SIP伺服器已然成為專用伺服器的一員，同時網路電話的安裝也變得更加容易

» 支援身分驗證功能的伺服器

什麼是SSO伺服器？

SSO伺服器是Single Sign On（單一登入）伺服器的縮寫。

依據各個企業的情況不同，身為使用者的員工平時會用到很多系統。應該有很多人也會認為每次登入各系統時都要輸入帳號及密碼很麻煩吧。

圖4-15顯示出有SSO功能和沒有這項功能的差異。解決沒有SSO功能問題的產品就是SSO伺服器。

實現SSO功能的2種方法

大致有2種方法可以實現SSO功能。

第1種方法是**訪問各個伺服器位址之前，先由SSO伺服器擔任出入口的功能**，如圖4-16左側所示。雖然這種方法名為反向代理（Reverse Proxy），其實就是由伺服器代替使用者登入各系統。

第2種方法是**各系統與SSO緊密協作，讓使用者一旦登入任何一套系統，之後便能輕鬆登進其他系統**。此方法被稱為代理登入（Agent）。

在總之想先立刻引進SSO功能的時候，不會影響到原先使用者和各系統物理結構的代理登入會比較理想，但須先驗證SSO功能與各系統的合作是否可行。

相對來說，反向代理雖然會改變物理結構，可是克服這一點後，實現SSO功能的門檻會比較低。因為跟這其後的內容有關，所以請各位試著從下面的觀點來了解圖4-15和圖4-16。

- 只要改變物理結構，就比較容易實現目標；不過必須重新評估原本的網路結構
- 只要盡量不更改物理結構，儘管在驗證上耗費的時間會比較多，但直接保留原本的網路結構即可

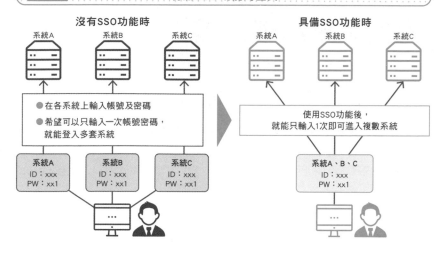

圖4-15　有無SSO功能的差異

沒有SSO功能時

系統A　系統B　系統C

- 在各系統上輸入帳號及密碼
- 希望可以只輸入一次帳號密碼，就能登入多套系統

| 系統A
ID：xxx
PW：xx1 | 系統B
ID：xxx
PW：xx1 | 系統C
ID：xxx
PW：xx1 |

具備SSO功能時

系統A　系統B　系統C

使用SSO功能後，
就能只輸入1次即可進入複數系統

系統A、B、C
ID：xxx
PW：xx1

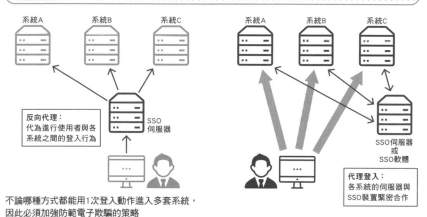

圖4-16　反向代理與代理登入

系統A　系統B　系統C

反向代理：
代為進行使用者與各系統之間的登入行為

SSO
伺服器

系統A　系統B　系統C

SSO伺服器
或
SSO軟體

代理登入：
各系統的伺服器與SSO裝置緊密合作

不論哪種方式都能用1次登入動作進入多套系統，
因此必須加強防範電子欺騙的策略

Point

- 透過SSO功能，可以化解個別登入複數系統的不方便
- 有2種做法：一種是代表使用者執行動作的反向代理，一種是與伺服器合作的代理登入

» 商用系統的伺服器

企業使用的伺服器

說到企業團體的系統，應該很多人腦中會浮現出自己工作上使用的系統吧。

有用於差勤管理和結算交通費的系統，也有輸入客戶訂單以調配商品或服務的系統，還有各式各樣的業績管理系統等。

基本上，商用系統的模式是由多台用戶端輸入資料，並在伺服器端整合與處理數據。

當然，也有以伺服器為起點的系統，像是企業內部的訊息發布系統或員工安全檢查系統等；然而從系統整體來看，這些只是其中的一小部分而已。

商用系統幾乎都是圖4-17這種物理結構。而最近幾年的趨勢還有對移動環境的支援和虛擬化等。

商用系統的伺服器最為繁多

在談到伺服器的時候，最先想到郵件或網路伺服器的人也許很多，但**在企業團體的伺服器裡面，最常見的是企業伺服器**。

雖說這一節的開頭也舉了不少例子，但企業伺服器的種類真的應有盡有，比如企業團體的所有成員共同使用的商用系統、只有特定部門可以使用的商用系統，還有限定人數多寡或指定組織層級等條件的商用系統之類。

商用系統最重要的部分是使用者所輸入的「數據資料」。這些數據的價值在未來也不會改變。在眾多伺服器之中，主角其實是企業伺服器也說不定。

另外，根據業務的不同，有時會為了伺服器的**負擔分散**架設**應用伺服器**（圖4-18）。

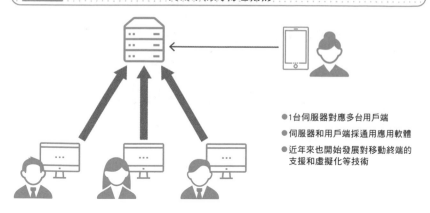

圖4-17　商用系統的物理結構

● 1台伺服器對應多台用戶端

● 伺服器和用戶端採用通用應用軟體

● 近年來也開始發展對移動終端的支援和虛擬化等技術

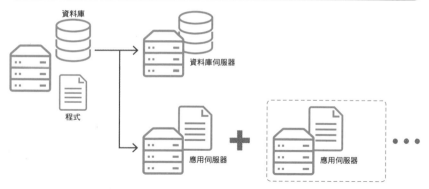

圖4-18　應用伺服器與資料庫伺服器

資料庫

資料庫伺服器

程式

應用伺服器

＋

應用伺服器

● ● ●

● 在規模較大的商用系統上，多數使用者會用到同樣的程式

● 根據數據輸出入的頻率，引進強化使用者操作畫面或處理程序的應用伺服器，以維持負擔分散

如果使用者人數眾多，而且程式的使用頻率很高，那麼有時也會建置多台應用伺服器

Point

🖉 基本上，商用系統的伺服器都是呈現主從模型的形態

🖉 企業團體中最常見的是企業伺服器

🖉 為了保持負擔分散，通常會將伺服器分成應用伺服器和資料庫伺服器2大類

» 骨幹型系統ERP

ERP簡介

ERP是Enterprise Resource Planning（企業資源規劃）的縮寫，這是一種骨幹型系統，主要是製造業、流通業、能源企業等業界引進使用。即將生產、會計、物流等**各種業務整合的系統**。

舉個例子，工廠生產完成後產品計入庫存，並與財務會計的資產串聯（圖4-19）。

有些企業會全公司一起使用ERP系統，以實現數據的集中式管理，也有的企業選擇結合其他系統部分使用。**廣泛應用的話，相關數據將會即時更新**。若是與其他系統併用，則要定期批次※1更新數據。

偶爾也會聯合多套商用系統協作。因為有些企業會盡量使用ERP系統來執行業務，所以ERP系統簡直是商用系統之王。

從用戶端的角度來看，感覺只要建立並輸入「憑單」2個字，隨後伺服器端就會自動做好其他處理工作。

ERP系統的構造

ERP系統會從用戶端呼叫應用伺服器上的應用軟體執行處理程序。在瀏覽器上瀏覽網站伺服器的網站也是同樣的機制（圖4-20）。

由於該系統是全體員工等人在使用，因此可以藉由建置應用伺服器來靈活處理用戶端的數量增減。上一節提到的商用系統也有分成資料庫和應用程式的模式。

此外，ERP系統和大型商用系統一樣，有在工作上使用的正式版及用於研發與維護應用軟體的研發版2組伺服器。

※1 大規模的資料處理等程序會避開使用者需利用系統的上班時段，在夜間或者假日執行

圖4-19

商用系統的王者：ERP系統

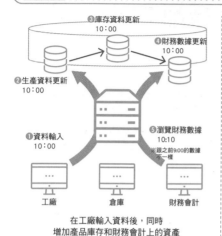

❸庫存資料更新
10：00

❹財務數據更新
10：00

❷生產資料更新
10：00

❶資料輸入
10：00

❺瀏覽財務數據
10：10
※跟之前9:00的數據
不一樣

工廠　　　　倉庫　　　　財務會計

在工廠輸入資料後，同時
增加產品庫存和財務會計上的資產

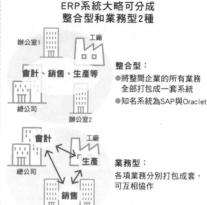

ERP系統大略可分成
整合型和業務型2種

辦公室1　　工廠

會計、銷售、生產等

總公司

辦公室2

整合型：
●將整間企業的所有業務
全部打包成一套系統
●知名系統為SAP與Oraclet

會計

工廠

生產

總公司

銷售

辦公室1　辦公室2

業務型：
各項業務分別打包成套，
可互相協作

圖4-20

ERP系統的結構

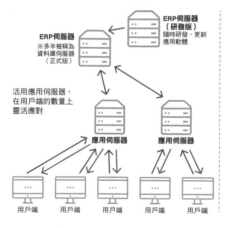

ERP伺服器
（研發版）
隨時研發、更新
應用軟體

ERP伺服器
※多半被稱為
資料庫伺服器
（正式版）

活用應用伺服器，
在用戶端的數量上
靈活應對

應用伺服器　　應用伺服器

用戶端　用戶端　用戶端　用戶端　用戶端

會計　生產

銷售

ERP雲端系統

網際網路

總公司　　辦公室1　　辦公室2　　工廠

●有些業務型的ERP系統會在雲端上提供服務
●此例正由ERP雲端系統執行不同業務間的協作

Point

✐ERP系統是商用系統之王，可整合各種商用系統並加以管理
✐只要某項業務上的數據出現變動，與之協作的其他業務數據也會被更新

數位科技的代表產品之一 物聯網伺服器

物聯網在攝影鏡頭和IC標籤上的應用

物聯網簡稱IoT（Internet of Things），意指藉由網際網路連結各種物件，並互相交換數據的系統。物聯網也是數位科技的其中一項代表。

在這一節中，我們將以物聯網裝置上傳數據到伺服器上的主從模型為假設進行說明。主從模型是物聯網裝置的典型例子，如攝影鏡頭、IC標籤、信標、麥克風、各種感測器、GPS和無人機等。家用電器和汽車偶爾也含括在內。

近年來，實際架設成績不斷提升的是攝影鏡頭。比如說，在工廠等處生產線上的產品和零件順著生產線移動，在經過攝影鏡頭正面時，鏡頭會拍下照片並傳到伺服器上。伺服器分析照片後，要是發現照片上的產品沒有裝上必要零件，就會進行相應處理，像是觸發警報之類的（圖4-21）。

IC標籤則是被用在服飾和工廠等方面。在服飾方面，被應用在商品條碼及其他資訊的讀取上；在工廠裡，有時還會拿來在定義產品的唯一編號上添加工序號碼或完成時間等。

物聯網系統注意要點

研究物聯網系統時有幾個需要注意的重點。

除了攝影鏡頭要設置在哪裡之外，還有儲存數據的硬碟容量。因為圖片數據的容量比較大，所以如果用好幾台攝影鏡頭持續拍攝，剩餘容量很快便會消耗殆盡（圖4-22）。

IC標籤則不僅得關注可讀取的範圍和貼上標籤物品的動態，輸入何種數據的斟酌也很重要。

儘管今後物聯網勢必會活躍在各式各樣的場景下，但也存在與常用系統的研究與開發不一樣的難題。

實際嘗試執行系統的研究開發後會發現研究對象是動態的人或物，這點很有意思。

圖4-21 **攝影鏡頭與IC標籤**

	傳輸數據範例	個人電腦的功用
攝影鏡頭	圖片檔 例：201904010001.jpg	把攝影鏡頭在指定檔案夾中生成的圖片檔傳送到伺服器上
IC標籤	IC標籤裡記憶體的數據 例：商品條碼、製造編號等	把從IC標籤讀取的資訊傳送到伺服器上
物聯網系統平台		資訊科技供應商、雲端服務業者、製造業公司等廠商會提供一個保存各種物聯網數據資料的平台

圖4-22 **物聯網系統以移動物件為對象**

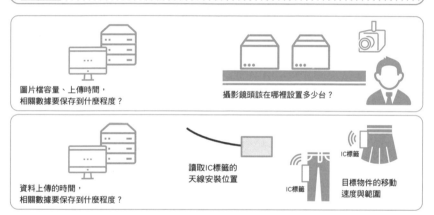

●IC標籤的小知識～2種模式～

模式	功能
IC標籤在發出指令後的讀取／寫入	例如在按下電腦Enter鍵後，從天線發送電波並讀取標籤等
IC標籤一進入讀取範圍就讀取／寫入	持續發送電波，在目標進入通訊範圍後自動讀取。上圖便屬於這種模式

Point

✎ 在物聯網系統上，物聯網裝置會定期或不定期上傳數據資料
✎ 這是一套有趣的系統，需要去探討與一般系統研究大相逕庭的觀點，像是物聯網裝置的設置地點、數據的匯入方式及時間等

≫ 從檔案伺服器上看 Windows和Linux的差異

在Windows與Linux上的設定區別

在**4-2**中解釋過檔案伺服器的相關內容。這裡則以檔案伺服器為例,分析Windows Server跟Linux的軟體結構差距(圖4-23)。

由於Windows Server上備有各種伺服器的功能,因此會一邊在頁面上做選擇,一邊進行設定。

Linux則要安裝必備軟體,不過這點多少會依發行商[※2]的不同而有所出入。實際上,Windows Server和Linux沒有太大的差別,只是Linux的軟體名稱會因功能而異,設定方法也會因軟體而異,所以可能要稍微多花一點時間熟悉。不過,諸如「若是這個功能就選擇這套軟體」之類的標準組合正逐漸為人所知。

Windows Server的情況

在Windows Server中,需從伺服器管理員的儀表板前往「新增角色和功能」,並進入「**選取伺服器角色**」。

從清單中點擊勾選「檔案伺服器」和「檔案伺服器資源管理員」,新增這2項功能(圖4-24)。

檔案伺服器資源管理員可以定義管理員註冊或容量限制等內容。

Linux的情況

在Linux上安裝一套名為「**Samba**」的軟體,它擁有檔案伺服器的功能。其後執行對Samba的存取和群組等相關設定。有些Linux發行商會事先安裝好Samba。

[※2] 有些企業團體會為了讓企業、團體和個人能利用Linux,而將作業系統和必備應用軟體一併提供給使用者。代表產品為需付費的Red Hat Enterprise Linux(RHEL)、SUSE Linux Enterprise Server(SUSE)以及免費的Debian、Ubuntu和CentOS等

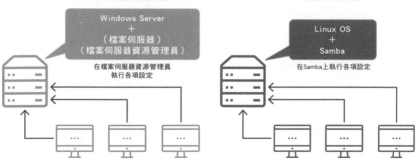

圖4-23 軟體結構的差異

Windows Server的檔案伺服器

Linux的檔案伺服器

Windows Server
＋
（檔案伺服器）
（檔案伺服器資源管理員）

Linux OS
＋
Samba

在檔案伺服器資源管理員
執行各項設定

在Samba上執行各項設定

舉個其他的案例，郵件服務的功能在Windows上是交由訊息平台Exchange Server等系統準備。
在Linux上則是要個別安裝並設定SMTP伺服器專用的Postfix或Sendmail、POP3/IMAP伺服器
專用的Dovecot等軟體

※郵件服務將於第5章說明

圖4-24 設定畫面圖例

Linux（CentOS）上的
Samba安裝畫面

Windows Server的
「選取伺服器角色」

Point

✏ Windows Server要選擇並設定必要的伺服器角色才能運用檔案伺服器
✏ Linux則要按每種功能安裝必需軟體

動手試一試

NTP伺服器的設定

試著設定在**4-4**說明過的NTP伺服器。

假如把自家Windows電腦當用戶端電腦設定國家標準時間團體的NTP伺服器，在Windows的設定裡選擇「時間與語言」→「日期和時間」→「新增不同時區的時鐘」→「網際網路時間」→「變更設定」，然後將預設值「time.windows.com」改成國家標準時間團體的NTP（這邊介紹的是Windows 10的操作步驟）。

設定畫面圖例

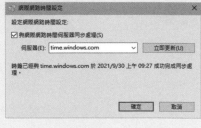

企業團體的Windows用戶端電腦可能可以透過「本機群組原則編輯器」查看設定，不過一般來說用戶端電腦是不被允許存取的。

畢竟若是萬一能變更設置，將如圖4-7所示，出現只有一個人無法進行系統同步的狀況。

所以當然不必變更。

電子郵件與網際網路

~在郵件或網際網路上應用的伺服器~

第 **5** 章

≫ 支援郵件和網際網路的伺服器

郵件及網際網路的出場角色

電子郵件由負責發送信件的**SMTP伺服器**、DNS伺服器以及負責接收信件的**POP3伺服器**組成。

網際網路則稍微複雜一點，由DNS、Proxy、Web、SSL、FTP等伺服器所構成（圖5-1）。

不管哪一種，都是在設定郵件軟體、瀏覽器的顯示、安全性的確認上經常看到的名詞。

DNS伺服器、Proxy伺服器、SSL伺服器在電子郵件和網際網路兩邊都有使用，除此之外的伺服器基本上功能迥異。

郵件或網際網路相關的伺服器有時會按照功能而分屬不同機殼，有時則是1台伺服器中容納多項功能。

雖近猶遠的伺服器

從使用者平常使用的頻率來看的話，郵件和網際網路相關伺服器是人們極為熟悉的存在。檔案伺服器或列印伺服器等設備偶爾會設置在大樓或辦公室裡面普通人看得到的地方，不過支援郵件或網際網路的各類伺服器就不會放在大樓各樓層內（圖5-2）。因為對安全性的影響很大，所以為了以防萬一才採取這種處理方式。

由於它們在物理上不一定是很親近的存在，因此意外地是一種「**雖近猶遠的伺服器**」。

另外，支援郵件和網際網路的伺服器需要專項處理，是故檔案伺服器、列印伺服器和商用系統伺服器等伺服器不會被安置在同一個機殼裡。

從下一節開始，將依郵件、網際網路的順序依次解說。

圖5-1　　　　　　　　　　郵件與網際網路的伺服器

電子郵件

SMTP伺服器：
發送郵件

POP3伺服器：
接收郵件

IMAP伺服器：
瀏覽外部郵件
（參照5-8）

DNS伺服器：
管理網域與
IP位址

Proxy伺服器：
代理執行網際網路
通訊

SSL伺服器或功能：
通訊加密

網際網路

Web伺服器：
提供網站服務

FTP伺服器：
檔案傳輸、共享

DNS、Proxy、SSL同時
支援郵件和網際網路

在Windows Server上時，郵件之類
的交流會用Exchange Server進行

第 5 章　支援郵件和網際網路的伺服器

圖5-2　　　　　　　　　　雖近猶遠的伺服器

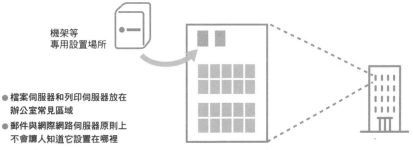

機架等
專用設置場所

● 檔案伺服器和列印伺服器放在
辦公室常見區域
● 郵件與網際網路伺服器原則上
不會讓人知道它設置在哪裡

企業或團體等組織的
辦公室和工作空間

Point

⟋ 用在郵件和網際網路上的伺服器有SMTP、POP3、IMAP、DNS、
Proxy、Web、SSL及FTP等
⟋ 基於安全性的角度，郵件與網際網路伺服器不曾出現在辦公室內

》 發送郵件的伺服器

SMTP伺服器的角色

　　SMTP伺服器是發送電子郵件的伺服器，為Simple Mail Transfer Protocol（簡易郵件傳送協定）的縮寫，這是一項用於發信的通訊協定。收發郵件用的通訊協定不同，所以伺服器也各自獨立。

　　發送郵件的流程如圖5-3所示，一開始會透過**郵件軟體**發送郵件到SMTP伺服器，此為一種設定用來發送電子郵件的伺服器。

　　SMTP伺服器確認過電子郵件位址中寫在「@」後的網域名稱後，便向DNS伺服器（參照**5-5**）查詢該IP位址。驗證完成IP位址後，發送電子郵件的數據。

　　傳送信件時，會驗證使用者用郵件軟體設定的使用者名稱和密碼，並予以執行，這套程序有「SMTP AUTH」等稱呼。

SMTP伺服器的郵件軟體設定

　　在郵件軟體的設定畫面上，經常會看到SMTP伺服器顯示「smtp.網域名」之類的內容。

　　另一方面，收信用的POP3伺服器則是以「pop.網域名」的樣貌呈現。因為通訊協定和以其為標準的處理程序不一樣，所以在郵件軟體上也要分別設定（圖5-4），這一點下一節也會提到。

　　從郵件軟體的設定畫面來看，發信是SMTP，收信是POP3，兩者的設定頁面也是分開的，因此發送和接收的處理程序簡直就像是2個完全不同的伺服器功能。

　　不過，再重新觀察一下圖5-3，便會發現SMTP伺服器不僅負責發信，同時也是收信的窗口。或許將其取名為收發郵件伺服器也不錯。

　　下一節介紹的是接收郵件的POP3伺服器。

發信方公司

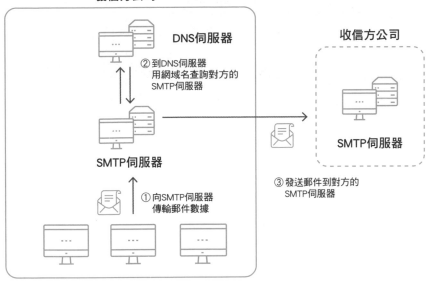

DNS伺服器

② 到DNS伺服器
用網域名查詢對方的
SMTP伺服器

收信方公司

SMTP伺服器

SMTP伺服器

③ 發送郵件到對方的
SMTP伺服器

① 向SMTP伺服器
傳輸郵件數據

發送郵件的
SMTP伺服器設定

SMTP伺服器	
連接埠	
安全模式	
是否認證	
使用者名稱	
密碼	

接收郵件的
POP3伺服器設定

使用者名稱	
密碼	
POP3伺服器	
連接埠	
安全模式	
從伺服器上移除郵件	

● 郵件的發信伺服器和收信伺服器要分別設置
● 此時會意識到各個伺服器的存在
● 上述內容是在智慧型手機上設定的範例

Point

✎ 發送郵件是SMTP伺服器的職責
✎ 在執行郵件軟體的設定等操作時,必然有機會意識到SMTP伺服器的存在

» 接收郵件的伺服器

POP3伺服器的角色

POP3伺服器是接收郵件的伺服器,為Post Office Protocol Version 3(郵局協定第3版)的縮寫,是一種用來收信的通訊協定。

上一節我們介紹過STMP伺服器。SMTP伺服器有2種角色:發信方的SMTP伺服器,以及當收信方窗口的STMP伺服器。

如圖5-5所示,從發信方公司的SMTP伺服器到收信方公司的SMTP伺服器,郵件數據自己透過SMTP伺服器之間的交流送到對方手中。然後使用者在收信方公司的SMTP伺服器上收取寄給自己的郵件時,會運用到POP3伺服器。

因此,說POP3伺服器是協助用戶端收信的伺服器也許更為恰當。

另外,SMTP伺服器在收到發信指令後會馬上將數據傳給對方的SMTP伺服器,但POP3伺服器是透過郵件軟體設定的固定間隔時間檢查有沒有郵件數據,兩者之間也存在這種處理方式上的差別。

SSL加密

使用者藉郵件軟體存取設定好的POP3伺服器,並接收保存在自身信箱的郵件數據。此時必須用使用者名稱和密碼進行驗證。

上一節曾看過郵件軟體設定步驟的範例,不過這方面也可以用SSL(參照**5-6**)加密。藉此保護POP3伺服器與用戶端之間的數據資料(圖5-6)。

以個人身分設定郵件接收時,重點應當放在**定期接收郵件的時間與從伺服器上移除郵件的時間**。

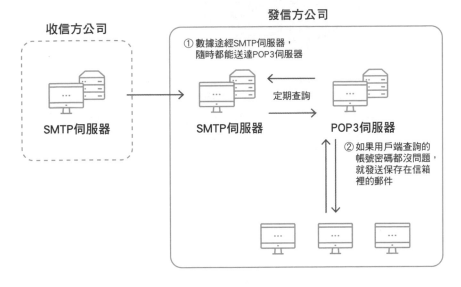

圖5-5　接收郵件的流程

收信方公司

發信方公司

SMTP伺服器

① 數據途經SMTP伺服器，
隨時都能送達POP3伺服器

SMTP伺服器　　定期查詢　　POP3伺服器

② 如果用戶端查詢的
帳號密碼都沒問題，
就發送保存在信箱
裡的郵件

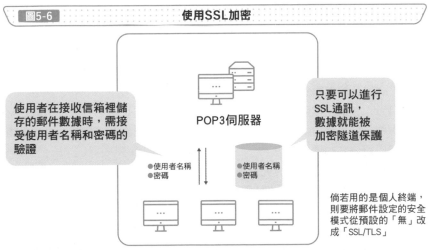

圖5-6　使用SSL加密

使用者在接收信箱裡儲
存的郵件數據時，需接
受使用者名稱和密碼的
驗證

POP3伺服器

只要可以進行
SSL通訊，
數據就能被
加密隧道保護

●使用者名稱
●密碼

●使用者名稱
●密碼

倘若用的是個人終端，
則要將郵件設定的安全
模式從預設的「無」改
成「SSL/TLS」

Point

⌀ POP3伺服器會接收使用者的請求，並對他們發送郵件
⌀ 使用者收信設定的重點在於請求存取郵件的間隔以及從伺服器上移除郵件
的時機

117

» 在提供網路服務上少不了的伺服器

數據抵達網站伺服器前的路程

網站伺服器（Web伺服器）是提供網站服務的伺服器。我們每天都在用瀏覽器瀏覽網站，而**為網站提供內容**的正是網站伺服器。

不過，我們並非從用戶終端的瀏覽器直接連接網站伺服器。

如圖5-7所示，根據用戶端電腦上瀏覽器的請求，經過Proxy伺服器，並在DNS伺服器上將網址變成IP位址後，調整完畢且藉著網際網路進入目標對象的內部網路，最終到達網站伺服器。

跟電子郵件一樣，它的特點是出場角色眾多。

在郵件軟體上設定網站伺服器

網站伺服器在面對瀏覽器數據或處理請求時，會依**HTTP**（HyperText Transfer Protocol，超文本傳輸協定）的通訊協定應對。

如圖5-8所示，在瀏覽器上指定目的地網站和方法，例如想要數據或發訊等，網站伺服器再針對要求做出回應。

另外，在網站伺服器相關機制上，雖然用一直以來的那種以使用者或用戶端為中心的思考方式來考慮會比較好懂，但在研究新增設備時，還是要用**提供伺服器一方的視角**思考。

了解機制和實際安裝終究是兩回事。

作為範例，可舉出下列2種視角：

- 站在提供可閱覽網站的立場上探討伺服器處理效能
- 代替自家公司執行網路服務的業者，其伺服器或服務等內容也需要探討

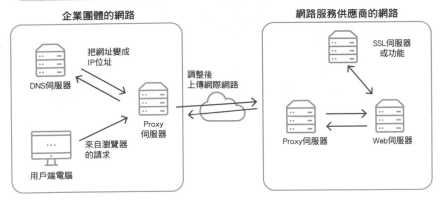

圖5-7 抵達網站伺服器前的路程

企業團體的網路　　　　　　　　　　　　網路服務供應商的網路

把網址變成 IP位址

DNS伺服器

調整後 上傳網際網路

Proxy 伺服器

來自瀏覽器 的請求

用戶端電腦

SSL伺服器 或功能

Proxy伺服器　　　Web伺服器

- 就像在**5-2**看到的一樣，DNS伺服器意外活躍
- 以智慧型手機為用戶端的情況下，用戶端電腦被智慧型手機取代，
  企業團體網路則是被通訊取代

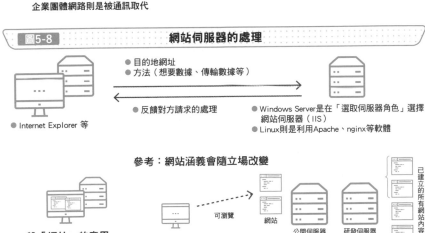

圖5-8 網站伺服器的處理

- 目的地網址
- 方法（想要數據、傳輸數據等）

Internet Explorer 等

- 反饋對方請求的處理

- Windows Server是在「選取伺服器角色」選擇
  網站伺服器（IIS）
- Linux則是利用Apache、nginx等軟體

參考：網站涵義會隨立場改變

- 一般「網站」的意思
  用以統一 指稱首頁之類的網頁

可瀏覽　網站

公開伺服器　研發伺服器

已建立的所有網站內容

- IIS的「網站」意思
  指將以微軟 IIS 建立的內容公開發布時的單位，研發者多採用這個意義

Point

- 網站伺服器為我們提供熟悉的網站，是網際網路的代表伺服器
- 從瀏覽器的角度思考機制或程序會比較好理解，不過在研究添購新裝置
  時，必須從服務供應商的觀點來考慮

網域與IP位址的關聯

DNS系統的角色

DNS是Domain Name System（網域名稱系統）的縮寫，迄今為止已多次登場，提供**關聯網域名稱及IP位址**的功能。

若再次確認，其應用場面如下（圖5-9）：

- 把郵件位址@後綴的域名轉成IP位址
- 把瀏覽器輸入的域名轉成IP位址

雖然我們不曾意識到DNS系統的存在，但它是一項非常重要的功能，不論在郵件還是網站上都十分活躍。此外，DNS伺服器大致可劃分為快取伺服器與內容伺服器2種。

其用途會隨著系統規模而改變

由於DNS系統扮演著重要的角色，因此**其存在本身亦取決於使用者人數和網路系統的規模**（圖5-10）。

比如小型企業或組織，他們不會設置DNS伺服器，而是令其以功能的形式與郵件或網站伺服器共存。

相對地，若是規模超過幾千人以上的大型企業，因為他們的郵件和網站存取量非常大，所以不僅要架設DNS伺服器，有時還要將其區分成郵件用與網站用，並進一步將它們備份。

這是為了盡量減少DNS功能停止時，無法發送郵件和瀏覽外部網站對工作所造成的影響。

甚或還有一種結構，會像網域名稱的分層構造一樣，將DNS系統分成好幾層。快取、根、域等隨著層級的劃分，網域也會一併出現分歧。

儘管使用者不會意識到DNS伺服器，但請思考看看，這套系統在自己所在的企業或團體中代表著什麼樣的存在。

圖5-9 DNS的職責

從用戶端主動查詢
@XX.co.jp的IP位址

DNS 伺服器

將@XX.co.jp、www.XX.co.jp的
XX.co.jp轉成IP位址（123.123.11.22）

DNS伺服器有2種

如果目標域名的
IP位址在快取中，
則從快取響應

DNS快取伺服器：
支援用戶端的請求

如果目標域名的
IP位址不在快取中，
則在內容伺服器中查詢

由內容伺服器
回應快取伺服器

DNS內容伺服器：
擁有對照表，同時
也支援外部DNS

取得IP位址後
便能瀏覽網站

圖5-10 DNS系統的導入模式種類繁多

DNS功能存在於郵件或網站伺服器中
（利用外部DNS伺服器）

網站伺服器

DNS
功能

※設定代管服務等
業者的DNS伺服器

郵件伺服器

DNS系統備份
（以網站伺服器為例）

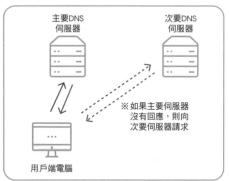

主要DNS
伺服器

次要DNS
伺服器

※如果主要伺服器
沒有回應，則向
次要伺服器請求

用戶端電腦

Point

✎ DNS系統具有轉換域名與IP位址的功能
✎ 這是郵件和網站伺服器必不可少的功能，其存在會依使用者人數和使用頻率變動

» 瀏覽器和網站伺服器間的加密

通訊加密

SSL是一項為網際網路上的通訊加密的協定,為Secure Sockets Layer(安全資料傳輸層)的縮寫。

其目的是加密網際網路上的通訊,防止惡意第三人的竊聽和篡改等行為。此處的出場角色是伺服器和用戶端(圖5-11)。

用戶端有常用的網路瀏覽器,伺服器端則有SSL的專用軟體。

SSL加密的流程

流程處理詳如圖5-12所示,一開始會先在伺服器和用戶端上確認是否進行SSL通訊。

確認後,從伺服器發送憑證和加密所需的金鑰,通訊雙方完成固有加密和解密的準備後,繼續進行數據通訊。

沒有SSL功能時,由於數據未被加密,因此可能會被第三方竊聽、看到內容或遭到數據篡改;不過只要有SSL功能便可安心傳送資訊。這些步驟在圖5-12上看起來有些複雜,但使用者完全不會意識到這些動作。

如果仔細觀察網站的網址,會發現在輸入個人資訊或密碼等情況下時,偶爾網址會從「http:」變成「https:」,而**網址變成https時,便是在執行SSL加密作業**。依網站的不同,反應時間可能會出現若干差距。

另外,有的時候網站伺服器會連帶附加SSL功能,偶爾SSL伺服器也會獨立設置。

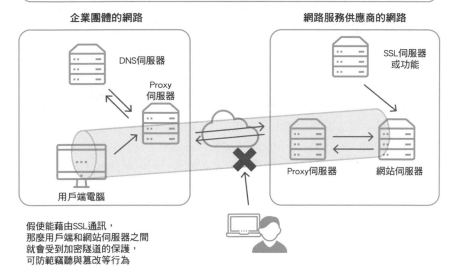

圖5-11 ─── SSL加密的機制

企業團體的網路

DNS伺服器

Proxy
伺服器

用戶端電腦

網路服務供應商的網路

SSL伺服器
或功能

Proxy伺服器   網站伺服器

假使能藉由SSL通訊，
那麼用戶端和網站伺服器之間
就會受到加密隧道的保護，
可防範竊聽與篡改等行為

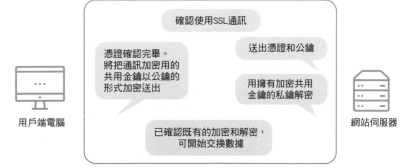

圖5-12 ─── SSL加密的流程

確認使用SSL通訊

憑證確認完畢。
將把通訊加密用的
共用金鑰以公鑰的
形式加密送出

送出憑證和公鑰

用擁有加密共用
金鑰的私鑰解密

用戶端電腦

已確認既有的加密和解密，
可開始交換數據

網站伺服器

● 在用戶端和網站伺服器之間，會先確認執行SSL加密通訊，
 並檢查加密工序後，再進行數據的交換
● SSL由非對稱式加密和對稱式加密演算法結合而成

Point

✎ SSL功能是一種實現網際網路上安全通訊的協定，因此受到廣泛的應用
✎ 瀏覽器網址的表示從「http:」換成「https:」時，就表示它正在執行SSL
加密

第

5

章

瀏覽器和網站伺服器間的加密

» 藉由網路傳送、共享檔案

檔案傳輸

FTP是一種在網際網路上共享檔案，或將檔案上傳至網站伺服器的協定，名稱為File Transfer Protocol（檔案傳輸協定）的縮寫。

藉由將目標檔案保存在檔案伺服器，就能讓公司內部共用檔案。另一方面，若透過網際網路與外部各方共用檔案的情況就不同了。

假如是公司內部的檔案伺服器，便能藉由指定目錄執行儲存檔案等操作；但若想與外部共用檔案，就得先**指定目標電腦的IP位址和網址**，連線成功並接受驗證，之後才會開始傳輸檔案。只要看了圖5-13，應該就會覺得即使FTP的連線方式和步驟都與內部網路的檔案伺服器不同，那也是很正常的事。

FTP的主要功能有外部電腦建立檔案、將檔案傳輸到外部電腦共用等等。

圖5-14介紹FTP軟體的畫面範例。

為了活用FTP功能，用戶端與伺服器各自都必須安裝FTP軟體。

FTP伺服器的實際情況

很多網站伺服器裡頭會包含FTP功能。

網際網路相關服務業者偶爾也會獨立架設FTP伺服器，並提供使用者運用。

另一方面，在一般企業或團體中，員工無法透過FTP軟體等方式向外部伺服器傳送檔案。

圖5-13 FTP和檔案伺服器的區別

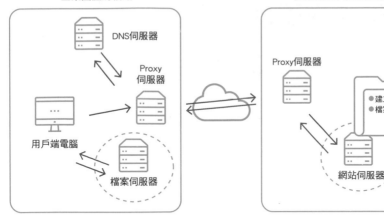

企業團體的網路

DNS伺服器

Proxy
伺服器

用戶端電腦

檔案伺服器

網路服務供應商的網路

Proxy伺服器

●建立檔案
●檔案共享

網站伺服器

●附近的檔案伺服器在指定目錄中存取檔案
●遠方的網站伺服器要指定IP位址或網址,驗證通過後再存取檔案

圖5-14 FTP軟體畫面

FTP軟體的FFFTP程式畫面範例

●在圈起來的位置輸入IP位址或網域名稱以
連線
●事先必須由管理者登錄使用者名稱和密碼
●經常用於網站檔案或圖片等數據的傳輸上

由於FTP不進行驗證和檔案的加密等動作,
所以最近很多人開始使用FTPS(FTP over SSL)等安全性更高的通訊協定

Point

✐ FTP是一種在網際網路上與外部裝置共用檔案,以及將檔案上傳到網站伺
服器時使用的協定
✐ 會在指定IP位址或網址後才傳送檔案

第**5**章 藉由網路傳送、共享檔案

» 在想從外部網路查看郵件時使用的伺服器

IMAP伺服器的角色

IMAP是Internet Messaging Access Protocol（網際網路訊息存取協定）的縮寫。簡單來說，這種協定**被運用在想從外部網路閱覽郵件等狀況上**。

以實際的應用情況而言，雖然在公司內部會以桌上型電腦收發郵件，但有了這套機制，就能滿足在公司外面藉由平板電腦或智慧型手機等裝置查看郵件的需求。

比如說，目前因為有SMTP和POP3的功能，可以在公司內順利收發郵件；但如果今後想從公司外查閱郵件，這時就該添購IMAP伺服器或追加IMAP服務了（圖5-15）。

這種伺服器經常拿來提高業務人員等的工作效率，或是用作改革全公司員工工作方式的策略，讓員工可以從公司外部查看他們的電子郵件。

與POP3的區別

若是POP3，則會將郵件數據下載到郵件軟體設定好的設備上。當然，如果事先在POP3伺服器上設定保留檔案，數據就會被留下來。

相較之下，IMAP只是展示POP3伺服器上的郵件，所以只有在使用者連到IMAP上看的時候，郵件數據才會在伺服器端上（圖5-16）。

畢竟是僅供瀏覽，所以只要設好密碼使別人無法隨意開啟自己的終端機，資料的安全層級就很高。

如果把IMAP伺服器想成是**具有使用者驗證功能，以便能從外部查看郵件的設備**，也許會更容易理解。

圖5-15 **IMAP伺服器的定位**

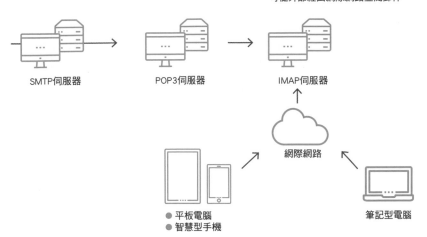

通過IMAP伺服器或IMAP服務，
可從外部經由網際網路查閱郵件

SMTP伺服器　　　　POP3伺服器　　　　IMAP伺服器

網際網路

● 平板電腦
● 智慧型手機

筆記型電腦

圖5-16　　**IMAP的功能**

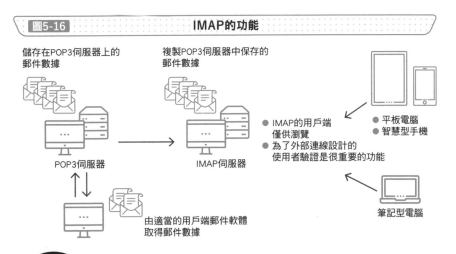

儲存在POP3伺服器上的
郵件數據

複製POP3伺服器中保存的
郵件數據

POP3伺服器　　　　IMAP伺服器

● IMAP的用戶端
　僅供瀏覽
● 為了外部連線設計的
　使用者驗證是很重要的功能

● 平板電腦
● 智慧型手機

筆記型電腦

由適當的用戶端郵件軟體
取得郵件數據

Point

✎ IMAP是可以讓人在外勤地點等公司外部查看郵件的功能，對使用者來說
　非常方便
✎ IMAP在工作方式改革的潮流中不斷拓展

≫ 網路通訊的代理者

負責代理網路通訊

伺服器或功能的名稱大多都是字母縮寫,而代理(**Proxy**)則是直接採用英文單字的珍貴存在。

Proxy是代理的意思。從用戶端的角度來看,它指的是**網路通訊的代理**(圖5-17)。

舉個例子,假設有多台用戶端訪問同樣的網站,就會讓第2台以後的用戶端觀看代理伺服器上的快取數據,這類做法不只是單純的代理執行,還謀求效率的提升。

上述功能對使用者而言是難以察覺的。

內部網路的封鎖機制

依據企業團體的安全性政策或網路應用指南等規定,或許各位會發現有些網站無法瀏覽、頁面顯示禁止圖示等經驗。

這些也是代理伺服器的功能。它會按照管理員的設定,**封鎖不適合瀏覽或安全上有問題的網站**。

更甚者,**代理伺服器也會以保護用戶端的姿態封鎖來自外部的非法存取**。這就是它作為所謂的防火牆所擔負的任務(圖5-18)。

雖然有不讓內部瀏覽想看的網站這樣嚴格的一面,但它也在我們不知情的狀況下遮擋了外界的非法存取等,代理伺服器在公司內外都很活躍。

DNS和SSL也是如此,在使用者無意識下發揮重要的作用。

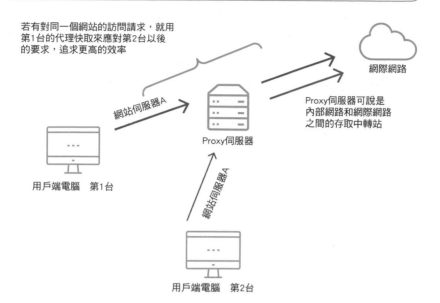

圖5-17 代理伺服器的角色

若有對同一個網站的訪問請求,就用第1台的代理快取來應對第2台以後的要求,追求更高的效率

網站伺服器A

Proxy伺服器可說是內部網路和網際網路之間的存取中轉站

網際網路

Proxy伺服器

用戶端電腦 第1台

網站伺服器A

用戶端電腦 第2台

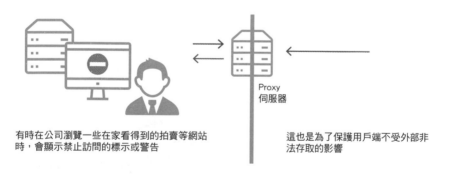

圖5-18 代理伺服器不為人知的用途

Proxy
伺服器

有時在公司瀏覽一些在家看得到的拍賣等網站時,會顯示禁止訪問的標示或警告

這也是為了保護用戶端不受外部非法存取的影響

Point

⫽ 代理伺服器負責代理用戶端的網路通訊
⫽ 對內避免使用者瀏覽可疑網站,對外也保護用戶端不受外界非法存取的影響

動 手 試 一 試

與DNS伺服器通訊

我們在**5-5**對DNS伺服器的相關內容做了一番說明。

它將網域名稱和IP位址連結起來，同時把域名轉換成IP位址。

我們實際試著從Windows電腦跟DNS伺服器通訊看看。

在命令提示字元中，輸入「nslookup」。這項命令會直接向DNS伺服器發送請求。如果能正確連上通訊，便會顯示結果。

nslookup命令的顯示範例

>nslookup 想要查詢的主機名
伺服器：DNS伺服器名稱
Address：DNS伺服器的IP位址

名稱：想要查詢的主機名
Address：IP位址的結果

想要查詢的主機名，可以試試輸入yahoo.co.jp等網域名。企業或團體若有使用網際網路服務提供者的網路服務的話，有時候不會顯示它的IP位址。

因為是連線測試，所以最好選擇一些有自己架設網站伺服器的知名網站或企業。

DNS伺服器的名稱，從一般家庭跟從企業團體的網路連接時將有所不同。

源自伺服器的處理與高效能運算

～數位科技的伺服器～

≫ 從組織的角度思考

站在組織立場思考會更好懂

透過系統和伺服器，企業團體可以更高效地完成工作，成功改善生產力。

從主從模型的觀點來看時，應該從用戶端或使用者視角進行討論，這點我們在4-1曾解釋過。

另一方面，對於伺服器的主動處理及仰賴高效能的運算，則要用**組織視角**看待。

就像組織管理者管理其下屬一樣，讓伺服器從管理用戶端、下游電腦和設備的角度來考慮問題。

管理者在工作場所對下屬做出各種指示和確認是人們經常能見到的光景。

像這樣由伺服器發出命令或指示的，就是**源自伺服器的處理**，運轉監測、物聯網、RPA和BPM系統等伺服器都是屬於這一類（圖6-1）。

活用高效能運算

在考慮組織或團隊中的活動時，雖然存在前面那種像教練和選手般命令或指示的關係，但是當選手一字排開，會發現有些事情只有能力突出的球員才做得到。

活用高效能伺服器的運算在個人電腦或下游設備是不可能實現的事（圖6-2）。

與以往相比，就算是在團隊運動裡，也能看到很多競賽的策略是靈活運用那些得天獨厚選手的技能。有些遊戲只能由技巧高超的選手來玩，也有些處理只有伺服器才做得到，

就像是近年來一直備受關注的人工智慧或大數據等。

下一節，我們將從伺服器的處理開始看。

圖6-1　組織視角　源自伺服器的處理

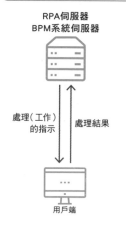

RPA伺服器
BPM系統伺服器

處理（工作）的指示　處理結果

用戶端

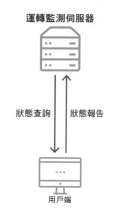

運轉監測伺服器

狀態查詢　狀態報告

用戶端

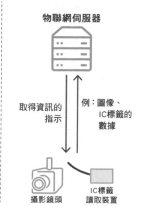

物聯網伺服器

取得資訊的指示　例：圖像、IC標籤的數據

攝影鏡頭　IC標籤讀取裝置

圖6-2　活用高效能運算

伺服器的高效能

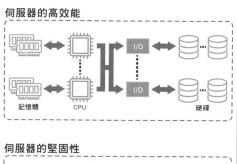

記憶體　CPU　I/O　硬碟

伺服器的堅固性

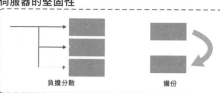

負擔分散　備份

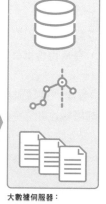

大數據伺服器：分析龐大且多元的數據

AI伺服器：以數據為本，執行等同人類的高度判斷

Point

- 源自伺服器的處理，只要從組織視角看待就很好理解
- 就像在體育運動中那些只有身體能力強的選手才能玩的技巧一樣，有些運算沒有伺服器的高效能也無法進行

》 系統操作的監測

健康檢查與資源監控

系統的運轉監測是監看系統是否正常運作的工作。這是一種隨著伺服器和網路設備數量的增加而變得必要的伺服器。一般會用專門執行運轉監測的伺服器進行。

在運轉監測中，有下列2種性質的監測：

● **資源監控**

　　監看目標設備的CPU、記憶體等元件的使用率，或是監控網路流量。使用率會做為監控結果顯示，如果使用率過高則會發出警報等提醒。

● **健康檢查**

　　從運轉監測伺服器檢查伺服器或網路設備等裝置是否正常運作。在日本，有時也會稱其為「生存監測」。

在圖6-3中會看到運轉監測伺服器正在監看其他伺服器和網路設備，因此可以知道它的層級比較高。

目標是穩定運行

運轉監測的目標是讓系統和伺服器**穩定運行**。當然，也有在發生故障時必須立即應對的一面。

導入運轉監測伺服器是為了同時管理大量伺服器和網路設備，因此實際在運轉監測伺服器上看到的畫面是專用軟體的介面。另外，在伺服器數量較少或規模較小的系統上，普遍會使用標準工具。

圖6-4是Windows Server工作管理員的「效能」介面。

圖6-3　運轉監測伺服器的定位

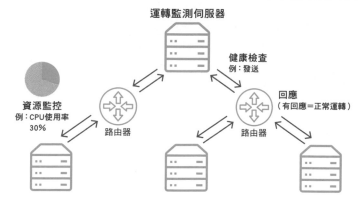

- 運轉監測伺服器
- 健康檢查 例：發送
- 回應（有回應＝正常運轉）
- 資源監控 例：CPU使用率 30%
- 路由器
- 路由器

- 運轉監測伺服器會監看其他伺服器或網路設備
- 著名的專用軟體有日立的JP1等等

圖6-4　Windows Server工作管理員「效能」介面範例

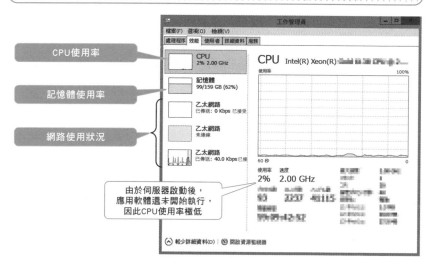

- CPU使用率
- 記憶體使用率
- 網路使用狀況
- 由於伺服器啟動後，應用軟體還未開始執行，因此CPU使用率極低

Point

- 運轉監測伺服器有資源監控和健康檢查2項職責
- 監測運轉狀況的目標是確保系統和伺服器穩定運行

≫ 物聯網與伺服器的關係

物聯網有2種

關於物聯網，我們先前在**4-11**中說明過了。伺服器收集各種設備送上來的數據，再進行儲存、分析和決策等處理。

這邊講得比較詳細一點，不過在技術上，數據的收集有2種類型（圖6-5）：

- **由設備自己主導上傳**設備取得或持有的數據
- 把設備比喻為孩子，**由身為家長的裝置發出命令並接受數據**

前者從用戶端自主上傳，所以本書將它算在主從模型中。後者是由伺服器主導，因此在本章屬於主動功能。

伺服器收集數據的原因

假如有架攝影鏡頭，它可以是自動拍照上傳的類型，如圖6-5❶所示；也能像❷一樣由伺服器端發出指令再開始拍照。

伺服器主導的物聯網系統，其設計理念是「只有在需要時才去獲取所需數據」（圖6-6）。

今後各個領域的無人化雖會繼續發展，不過伺服器主導的機制是以「在特定時機或時間確認狀況」為目標，所以在查看店面庫存和客戶來店情況等要求即時性的工作方面，它的活躍是值得期待的。

目前的物聯網中，大多數都是會自動從設備獲取資訊的主從模型。

依未來的商業動向來看，**採用伺服器主導的產品想必也會不斷增加**。

圖6-5 物聯網的2種資料收集手段

❶ 設備自主上傳數據的類型
例：鏡頭（拍攝後直接上傳）、信標、主動標籤

❷ 發出讀取數據的指令給設備，以取得數據的類型
例：IC標籤、鏡頭（因伺服器的指令而傳送照片）

數據

設備或介於設備與伺服器之間的電腦，
在取得數據後，會隨時或間隔5分鐘定期
且自動地上傳數據

伺服器發出指令，
設備上傳檔案

數據

圖6-6 強調即時性的物聯網系統

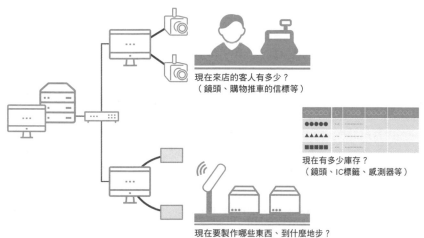

現在來店的客人有多少？
（鏡頭、購物推車的信標等）

現在有多少庫存？
（鏡頭、IC標籤、感測器等）

現在要製作哪些東西、到什麼地步？
（鏡頭、IC標籤、感測器等）

Point

✐ 在物聯網中，有由設備自主上傳數據的類型，也有聽從家長般的裝置或伺
服器去獲取數據的類型

✐ 因為今後對即時情況掌控的需求會不斷增加，所以伺服器主導的類型可能
也會變多

» RPA流程機器人與伺服器的關係

RPA流程機器人的2種方法

RPA是Robotic Process Automation（機器人流程自動化）的縮寫，一種以自己以外的軟體為對象，自動執行事先定義之處理程序的工具。

比如把數據從應用軟體A複製到B，或是對照資料、按下指令按鈕等等，它會代替人們執行原本的操作。因為軟體自動執行人的操作，所以速度遠比之前要快得多。

雖然不像人工智慧或物聯網那麼出名，但它經常作為業務自動化的數位技術之一出現在報章雜誌上。

RPA是流程的自動化，因此不僅能夠自動執行電腦操作，還可以整合並管理大量電腦的自動化操作。

因為有這些功能，所以那些需要20人做2,000小時的工作，現在可以藉由電腦操作的自動化和整合管理提升效率，使工作縮減至將近原先的一半。

自行架設RPA伺服器的理由

作為軟體，RPA由4個部分組成：一是機器人檔，裡頭含有自動執行操作的可執行檔；二跟三是機器人檔的執行環境、開發環境設定，最後是管理這些機器人檔的管理工具。

目前的主流作法是，在伺服器上配備管理工具、桌電用的虛擬機器人檔和執行環境，讓每台電腦連上伺服器，取得機器人檔與執行環境再執行（圖6-7）。

RPA伺服器依循管理者和開發者的定義，管理每個機器人的動作順序、處理行程、執行狀態和處理的終結，以實現流程自動化。它也具備使用者管理和安全性對策等功能（圖6-8）。

RPA流程機器人身負如同**企業或團體整體系統的縮影**之功能。如果繼續實行RPA流程機器人的導入，未來還能讓它學習商用系統的所有基礎知識。

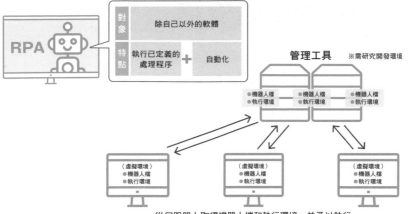

圖6-7 RPA的軟體構造，以及伺服器和桌電間的關係範例

從伺服器上取得機器人檔和執行環境，並予以執行

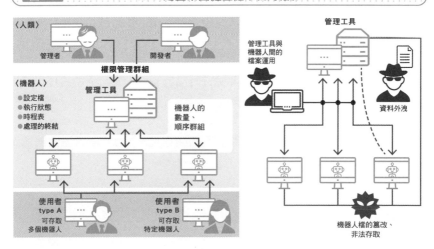

圖6-8 RPA是企業團體整體系統的縮影

Point

⟋ RPA作為實現業務自動化的工具受到眾人矚目

⟋ 這是一套由伺服器擔任主角的系統，每個機器人的執行、運用和安全控管等功能，都像是企業團體系統的縮小版

» 持續改善企業流程

BPM系統的2大特點

BPM系統是Business Process Management System（企業流程管理系統）的縮寫，大眾對它的印象具體來說是簽核等工作流程系統。

企業流程管理（BPM）這種概念，指的是不斷反覆**進行企業流程的分析與改善**，持續致力於業務狀況的優化。

BPM系統備有各種企業流程和工作流程的模組，讓使用者可以創建或變更這些用模組建立的流程，藉此穩步實行業務的分析與改善。

其特色有以下2點（圖6-9）：

- **易於更改流程或資料流**

  比方說，刪除流程或更改資料流可以透過刪除或拖拉模組圖形來實現。

- **自動分析解決方案**

  記錄每個流程的處理量和處理時間等資訊，加以分析後提供分析結果，像是建議更改的流程等。

BPM系統的伺服器會遵照業務管理員的指示，負責扮演類似業務司令塔的角色。

BPM系統備受矚目的原因

隨著愈來愈多企業團體投入業務自動化與無人化的領域，BPM系統也開始和RPA流程機器人等技術一起沐浴在人們的目光之下。

BPM系統不僅能管理操作其下游客戶端的人在電腦上的工作，也有愈來愈多的產品**可以管理RPA流程機器人等非人力操作的程序**（圖6-10）。它能管理人類的工作和RPA之類的機器人，連一些其他軟體的管理也不是問題。

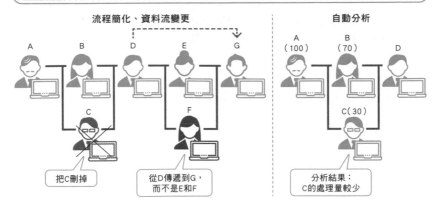

圖6-9 BPM系統的2個特徵

流程簡化、資料流變更

A　B　D　E　G

C

把C刪掉

從D傳遞到G，
而不是E和F

自動分析

A
（100）
B
（70）
D

C（30）

分析結果：
C的處理量較少

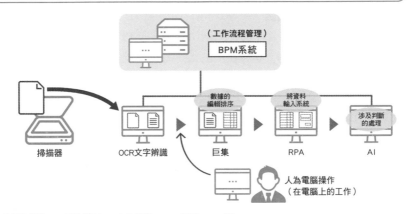

圖6-10 BPM系統中的業務自動化案例

（工作流程管理）

BPM系統

掃描器　OCR文字辨識

數據的
編輯排序

巨集

將資料
輸入系統

RPA

涉及判斷
的處理

AI

人為電腦操作
（在電腦上的工作）

● 上圖範例為BPM系統管理OCR文字辨識、Excel巨集、RPA和AI
● 擔任業務自動化和無人化的司令塔
● 亦能管理介於OCR文字辨識和巨集間的人力工作

Point

🖊 BPM系統可分析及改善企業流程
🖊 不僅管理人們在電腦上的工作，還能將RPA流程機器人和其他軟體納入麾下，為促進業務自動化做出貢獻

》 人工智慧與伺服器的關係

人工智慧的2種方法

AI人工智慧在企業團體的引進正在逐步發展，想必今後人工智慧應用的範疇會再進一步擴大。

有2種方法與現今人工智慧的系統相關（圖6-11）：

❶ 活用雲端上提供的人工智慧系統

在雲端服務業者和資訊科技供應商所提供的人工智慧系統中定義程式邏輯，登錄必要的數據以獲取運算結果（圖6-12）。

❷ 自行架設AI伺服器

使用程式語言（如Python或C++）和人工智慧開發輔助工具（如TensorFlow）構建自己的人工智慧系統。

不論是❶還是❷，伺服器上的運算處理都是最主要的系統。如果你想立刻動手，我推薦上面的❶。

自行架設AI伺服器的理由

自行架設AI伺服器的公司不喜歡數據外流，並且有**單獨執行處理程序**的打算。對雲端服務來說，在連同軟硬體都是最新的環境中提供服務是重大關鍵。

此外，在人工智慧上使用伺服器而不是電腦的理由，目前主要有2個。

- 在學習相同內容時，現今的人工智慧需要比人們更多的學習數據，因此需要更大的數據處理能力
- 由於代理人類進行的各種判斷和分析等重要工作，因此需要高牢靠性和效能

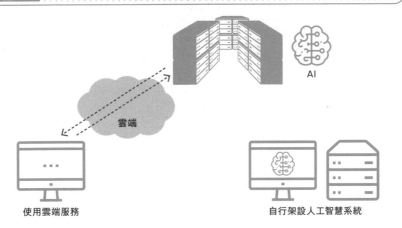

圖6-11　活用人工智慧的2種方法

AI

雲端

使用雲端服務

自行架設人工智慧系統

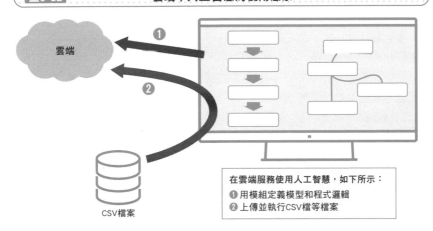

圖6-12　雲端中人工智慧的使用意象

雲端

❶

❷

CSV檔案

在雲端服務使用人工智慧，如下所示：
❶ 用模組定義模型和程式邏輯
❷ 上傳並執行CSV檔等檔案

Point

✎ 在建置人工智慧系統上，大致分為利用雲端服務和自行架設2種
✎ 如果想馬上開始使用最新技術的話，雲端比較合適
✎ 如果想優先進行獨立處理的話，自己架設的AI伺服器比較合適

» 大數據與伺服器的關係

大數據的特點

隨著社群平台和網上購物的發展，大數據系統急遽地進化。

至今為止的數據分析系統主要都是以DBM系統這種結構化資料為主，但在所謂的大數據時代來臨以後，系統會夥同大量的結構化資料與非結構化資料一併分析。

從圖6-13中結構化資料和非結構化資料的例子來看，非結構化資料的分析似乎更為困難。

在實際分析上，這個案例我們檢索的是「關東煮」一詞，藉此調查上下文，並從它與另一個詞彙的相關性中賦予意義。

命名為大數據的理由

例如，有家超市希望在本季度大力推銷「關東煮」。透過社群平台和網路留言等綜合分析「關東煮」文字開始出現的時期、表示寒冷的氣溫變化等最近的氣象數據以及店鋪相關商品的銷售額等各種資料，可預測近期內銷售額將大幅增加（圖6-14）。

銷售資料和氣象數據是結構化資料，而社群平台和網路的文字資料則是非結構化資料。

這是一種用以分析大量數據並得出結論的專用伺服器。據說大數據甚至有好幾TB以上的資料量。

這是**若沒有伺服器的高效能就無法處理的數量**，而且要在商務上活用，就必須得有更快的處理速度。

現在這個時代，一個有影響力的部落客就有好幾十萬的追隨者，人類絕不可能用Excel或其他工具分析這些資料。

在下一節中，我們就來了解支援大數據的技術。

圖6-13　　　　　　　　　　結構化資料與非結構化資料

結構化資料　　　　　　　　　　　　　　非結構化資料

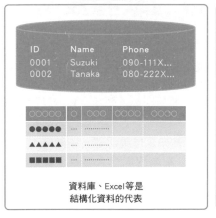

資料庫、Excel等是
結構化資料的代表

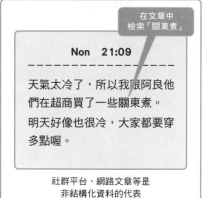

社群平台、網路文章等是
非結構化資料的代表

圖6-14　　　　　　　　　　大數據分析案例

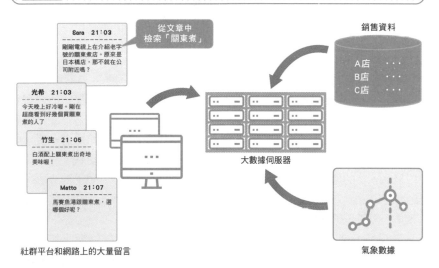

社群平台和網路上的大量留言　　　　　　　　　　　　　　　氣象數據

Point

✏ 大數據（大量的結構化資料和非結構化資料）正在被解析
✏ 由於伺服器的高效能，才可實現的計算和處理速度

» 在大數據背後支援的軟體技術

Hadoop的特徵

大數據伺服器正逐漸成為需處理大量數據的企業團體所不可或缺的伺服器。

這邊先來看一下Hadoop,此為支援大數據實際應用的一種架構。

Hadoop是一種開源中介軟體,也是一種**高速處理大量龐大數據的技術**,以Google等發表的論文為基礎發展而來。

它的特徵在於可處理所有類型的數據——不僅結構化資料,還包含非結構化資料——並可以實裝在PC伺服器(x86架構伺服器、IA架構伺服器)上。

因此可以大量使用這些絕對不貴的伺服器來處理龐大的數據資料。

主流是類似資料中心這種眾多伺服器聚集在一起的形態(圖6-15)。

Hadoop的結構

圖6-16以「產橘農家」為例說明至今農家收穫的橘子都是由母親獨自一人揀選,分成S、M、L和不良品。如果讓Hadoop三姊妹代替母親做這項工作,就像將柑橘分成3份,讓這3個人分別進行S、M、L的揀選一樣,因為是由多個伺服器同時並行的分散式處理,因此速度自然會更快。

Hadoop的優點是在搜尋不良品時也能發揮功效。除了橘子的大小(太大或太小)外,它在搜尋外表有傷、部分成色不佳等各種模糊曖昧的非結構化資料上也十分厲害。

這種特徵使它能從網站或社群平台等長篇文章中搜尋關鍵字並進行運算,也能把結構化和非結構化資料組合起來做處理——**令高科技的運算處理成為可能**。

圖6-15 Hadoop概述

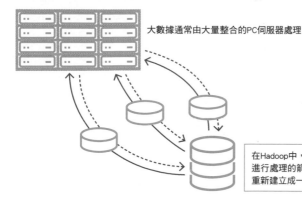

大數據通常由大量整合的PC伺服器處理

在Hadoop中,有將檔案分配到各台伺服器上進行處理的箭頭(實線)和將處理過的數據重新建立成一份檔案的箭頭(虛線)等特色

圖6-16 Hadoop結構示意圖

比起1個人揀選S、M、L和不良品,
3人同時做會變快好幾倍

揀選:HDFS

由揀選橘子的HDFS(Hadoop Distributed File System,分散式檔案系統),以及進行篩選與統計的MapReduce所組成

長女　　　　　次女　　　　　三女

篩選與統計:Map Reduce

分揀說明:
Map

3人分別挑選
S、M、L和不良品

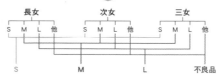

- Hadoop的後繼系統是Apache Spark
- Hadoop主要在硬碟上執行數據的輸出入,而Apache Spark除了硬碟以外,還會儲存在記憶體中,從而得以提高輸入和輸出的效率

Point

- Hadoop是一種高速處理龐大數據的技術,不只是結構化資料,連非結構化資料它都能處理
- 可應用於各種處理,如網站和社群平台等的文章中之關鍵字搜尋和運算處理的組合技等

動 手 試 一 試

為AI化整頓數據～資料項的提取～

現在的熱門話題是AI在各種場景中的應用。這邊我們要來試著做做看數據的整頓，這是推動AI化最先遇到的阻礙。

做為案例研究，接下來會提出一個判斷降價決策的AI化系統。

量販店的案例

各式各樣的量販店正將商品的建議零售價打折販售。比如說，會將10萬元的產品以75,000元賣出。而且，就算是每天在這邊工作的店員，也很難判斷是否能藉由降價促成交易。

我們要試著將這套機制AI化，好讓每個人都能做出這個艱難的決定。

導入人工智慧後的系統，只要店員在行動裝置上輸入客人的動向，螢幕上就會進一步顯示是否降價的指示，像是「這位客人可以降價談談」、「這位客人不要降價比較好」等等。

把客人的模樣做成資料項

在接待客人時，整理與是否降價有關的客人動向。

舉個例子：「客人有本店的積分卡」（假設有為1，沒有為0，以1和0將資料數位化）。

請各位嘗試列舉幾個項目看看。當然，拿自己從以前就開始研究的其他例子來試寫也沒關係。

-
-
-

（接續請看第174頁）

第 7 章

安全性與故障防範對策

～應對威脅的辦法、裝置與數據間的差異～

» 想在系統上保護什麼？

資訊資產

在思考系統安全性之際，重要的是了解自己**想要保護什麼**。與系統有關的東西，我們要保護的是資訊資產。

資訊資產的種類豐富多樣，包括**硬體資產**（如構成系統的伺服器、網路設備和電腦）、**軟體資產**（像是各種軟體和應用軟體等）、系統中存放的**數據**、圍繞系統的**人力資產**、系統提供的**服務本身**及其服務所帶來的聲譽等（圖7-1）。

雖然這些資產各有各的安全措施，但不管系統形態如何都一樣重要的是**系統中存放的數據**。

數據的分類

數據在企業及團體中歸類如下（圖7-2）：

- 公共資訊：已發布或可以公開的資訊
- 機密資訊：明確界定不可公開的消息和機密資訊

機密資訊裡，還可以再細分成限定特定人才知曉的相關人士機密資訊，以及禁止攜帶外出的公司內部機密等等。

另外，雖然個人資訊屬於機密資訊的一部分，但洩露個人資訊會對企業團體商業活動造成重大影響，因此通常會獨立處理。

數據分類在系統故障的衝擊分析中會加權計算。安全措施與其級別會因系統或伺服器所處理的數據類型而異。

因此，**如何管理數據**就變得很重要。

說得極端一點，如果有一套只處理公共資訊的系統，那麼這套系統只要能保護好軟硬體資產就行了。

資訊資產與安全性威脅

硬體資產	軟體資產	數據資料	人力資產	服務
技術上的威脅		技術上的威脅 與人為威脅	人為威脅	技術上的威脅 與人為威脅

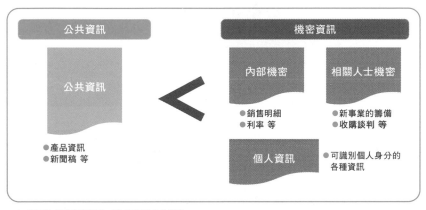

- 在處理各式機密資訊時，務必做好安全措施
- 有些企業團體的高階安全方針是乾脆不讓用戶端電腦連上網，或是只有在處理客戶資訊才能連網等

Point

- 在考量系統安全性時，需明確列出該保護的資訊資產項目
- 資訊資產由軟硬體、數據、人力資產、服務等組成
- 其中最為重要的是數據，而安全措施會因伺服器處理的數據類型而有所差異

≫ 按照威脅區分的安全措施

針對非法存取的計策

上一節談到了數據在研究安全性時的重要性。系統和伺服器中存有重要數據，公司內外都有可能以這些數據為目標非法存取（圖7-3）。

如果系統或伺服器遭受外界非法存取，就有可能造成資料外洩。倘若數據內容含有機密資訊，那麼因資料外洩而起的損失將相當龐大。為了預防這種情況的發生，企業必須採取措施，從技術上**徹底根絕外部網路的非法存取**。

另外，要是存取系統和伺服器的使用者或群組管理不當，數據也有可能從內部流出。好不容易能阻止外部存取，若被人從內部把數據帶出去就沒有意義了。因此，使用者的管理也很重要。

前面在**4-2**解釋了存取權的設定。除了這種管理方式外，藉由系統日誌（Log）確認實際上是誰訪問系統或伺服器，或是因應狀況監控用戶終端的使用者操作也都有其必要。

資料外洩對策

為防止萬一資料外洩，刻意對數據本身進行加密，使其無法查看內容。此外，伺服器與用戶端之間的通訊等連線有時會使用**5-6**講解過的SSL等工具進行加密。

圖7-4整理了迄今為止對安全性威脅的相應策略，並以系統或伺服器、使用者管理及數據的順序表示。

在討論防火牆和將於**7-5**說明的DMZ（非軍事區）以防止外部非法存取之前，我們在下一節會先帶領各位理解資訊安全政策。

圖7-3 來自內、外網路的非法存取

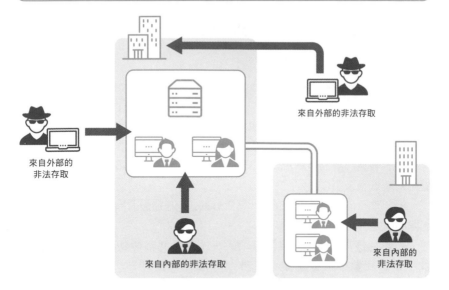

來自外部的非法存取

來自外部的
非法存取

來自內部的非法存取

來自內部的
非法存取

圖7-4 安全性威脅與對策範例

對象	技術上／人為	安全性威脅	對策範例
系統或伺服器	技術上的威脅	來自外部網路的 非法存取	●防火牆 ●DMZ ●設備間的通訊加密
使用者	人為威脅	來自內部的 非法存取	●使用者管理 ●確認存取記錄 ●設備操作的監控
數據	技術上的威脅	資料外洩	可移除式媒體內的數據加密

※除上述內容外，所有對象都有潛在的病毒威脅

Point

🖉 從外部和內部進行的非法存取和資料外洩是主要安全性威脅

🖉 安全措施因系統、伺服器、使用者以及數據而異

» 留意資訊安全政策

資訊安全政策的用途

雖然多被稱為安全性政策,但正式的名稱是資訊安全策略。它彙整了企業團體等組織的資訊安全措施的政策、方針與行動指南等內容。

由於事業和業務會依企業團體而有所不同,所以在這方面要根據既有的資訊系統資產來製作。

近年來不僅以書面規定方針和具體活動,還積極開展活動,向構成企業團體的人才**分享政策**。

人們在日常生活中意識到這項政策,並且將其帶到事業與商務上的背景,是來自眾多大型企業資料外洩等屢次發生的意外或不幸事件(圖7-5)。

資訊安全政策的內容

其由基本方針、標準對策和實行步驟共3層的金字塔所組成(圖7-6):

- 基本方針
  記述資訊安全的基本方針和聲明。
- 標準對策
  為執行基本方針制定了具體的規則。
- 實行步驟
  雖然實際步驟會依企業團體中的組織、人才的作用及系統用途等而有所差異,但卻描述了各企業團體必備的活動或步驟等內容。

在安全性政策中,各種伺服器被定位成組織管理的系統或系統相關的資訊資產,沒有關於一台台個別伺服器的規定。

圖7-5 **安全性政策變得至關重要的背景**

安全教育

安全性政策的重要性因大型企業
客戶資訊的洩露而提高

不只以文書形式彙整規定，還將重點
轉移到透過文件進行教育與共享，
好杜絕意外或不幸事件的發生

圖7-6 **資訊安全政策的內容**

基本方針 ◁── 記述資訊安全的基本方針

標準對策 ◁── 描述實踐基本方針的具體措施

實行步驟 ◁── 因應企業或團體中的組織、
人才的作用、系統用途等的不同，
描述必要的活動和步驟

Point

∥ 安全性政策不僅以文書形式提出規範，而且還透過教育等途徑，以日常應
　注意項目的定位被貫徹到底
∥ 由基本方針、標準對策、實施步驟３個階層構成

» 外部與內部的高牆

防火牆是安全性的代表

說到網際網路上的安全性，就會想到防火牆這個詞。

防火牆是**在企業或團體內部網路和網際網路的邊界上管理通訊狀態並保護安全性的機制**總稱（圖7-7）。

至今所了解的部分伺服器和專用伺服器等都會扮演這個角色，路由器亦能代替小型網路進行連線。

基本上，它遵照上一節中解釋的資訊安全策略，管理從內部網路到外部網路、從外部到內部的授權許可。

由內而外、由外而內的差異

一開始先以使用者的角度梳理從內到外的存取請求。

當從內部網路連出外部網際網路時，基本上會以性善說的態度來應對。正如第5章多個章節針對代理伺服器所做的說明，必要的封鎖已由代理伺服器執行了。當時在圖5-18中做了解釋，它會去確認不想看到的網址與不想流出的檔案格式等（圖7-8）。

另一方面，**從外到內的存取則基於性惡說來對付**。由於人們對安全性的關注比以往還多，所以企業團體便對此採取更加嚴厲的措施。

如果要從內部與網站伺服器通訊的話，就只會允許HTTP或HTTPS的申請，而不接受其他通訊。

另外，對於向SMTP伺服器發送的郵件和附件，也要在進行必要的確認之後才能放行。

圖7-7 防火牆的定位

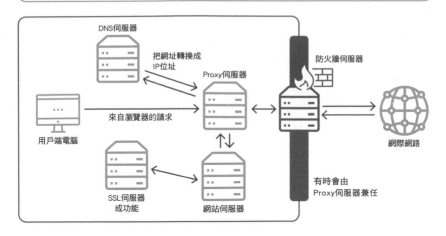

DNS伺服器

把網址轉換成
IP位址

Proxy伺服器

防火牆伺服器

來自瀏覽器的請求

用戶端電腦

網際網路

SSL伺服器
或功能

網站伺服器

有時會由
Proxy伺服器兼任

圖7-8 由內而外與由外而內的差異

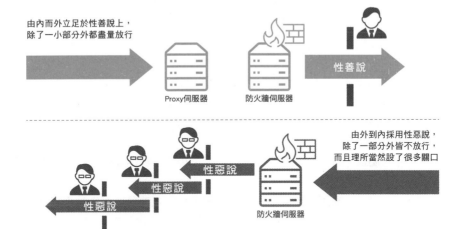

由內而外立足於性善說上,
除了一小部分外都盡量放行

Proxy伺服器　防火牆伺服器

性善說

由外到內採用性惡說,
除了一部分外皆放行,
而且理所當然設了很多關口

性惡說

性惡說

性惡說

防火牆伺服器

Point

✐ 防火牆形成一堵牆,並進行內部網路和外部通訊的管理
✐ 從內到外以性善說盡可能放行,從外到內則基於性惡說嚴格加以控管

緩衝地帶

什麼是DMZ？

有了防火牆，或許就能讓人感覺內部網路很安全。不過以防萬一，要盡可能提高安全性。

因此，我們想到了DMZ。DMZ是De Militarized Zone（非軍事區）的縮寫。直譯為「非武裝地帶」，**指的是為了防範外界對內部網路的侵犯，而在防火牆和內部網路之間設置的緩衝地帶**，畢竟從外部（網際網路）→防火牆→內部網路頗為危險。

在日本規模較大的城池會建造2到3層的護城河，而且前往本丸（城郭核心，大將居住之處）的路上會有二之丸，再外側則是三之丸，防火牆的構造就跟這種設計很類似（圖7-9）。

DMZ的位置

安裝DMZ的目的，是確保萬一網站伺服器出現安全問題也不會波及內部網路。因此，才會在內部網路和網際網路之間建立多個緩衝區。

在達成這個目的上，可以透過物理的方式擴增防火牆的功能，或者使用軟體控制，如圖7-10所示。

前者正相當於日本城池的護城河和城牆；後者有時還會讓物理網路也有所不同，因此外部很難破解。

過去，許多企業團體照著伺服器或與安全性相關的書籍和文章來架設防火牆和DMZ，所以使得惡意攻擊者能夠相對輕易地抵達本丸。

但是，隨著雲端和虛擬化等技術的普及，跟以前比起來，本丸的位置是愈來愈難知道了。

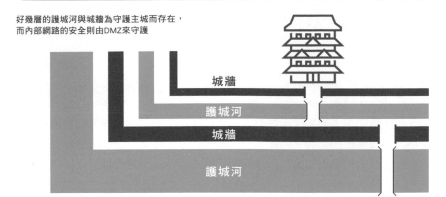

圖7-9 DMZ與日本城池有著同樣的考量

好幾層的護城河與城牆為守護主城而存在，
而內部網路的安全則由DMZ來守護

城牆

護城河

城牆

護城河

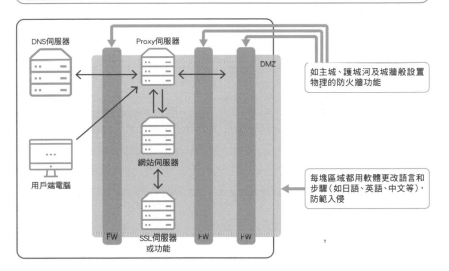

圖7-10 DMZ的位置

DNS伺服器

Proxy伺服器

DMZ

如主城、護城河及城牆般設置
物理的防火牆功能

用戶端電腦

網站伺服器

每塊區域都用軟體更改語言和
步驟（如日語、英語、中文等），
防範入侵

FW

SSL伺服器
或功能

FW

FW

Point

∥設置名為DMZ的緩衝地帶來保護內部網路
∥由於技術的多元化，甚至使得內部網路的核心在哪都很難被知道

» 伺服器內的安全性

強制存取控制機制

最近幾年，人們不僅要擔心內部網路被人入侵，還要注意伺服器內部的使用者洩露資訊的問題。為此，從使用者身分驗證到存取執行的所有內容，組織中全部的伺服器都必須保證和確認那些內容是否有遵循安全性政策。主要由以下功能組成：

- 跨越組織內部數台伺服器，集中管理和驗證使用者（目錄服務伺服器）
- 按照安全性政策對使用者的存取進行控制（強制存取控制機制）
- 依安全性政策驗證存取控制是否正確，並且保留紀錄（審核機制）

圖7-11以請求存取企業伺服器為例，統整了上述功能的流程。

目錄服務伺服器的優勢

如圖7-11和圖4-15所示，它的功能與SSO伺服器很類似。更甚者，會像在圖7-11中看到的一樣，對有存取權的資訊進行精細且嚴格的定義。

從密碼位數和字串組合的規則等入口，到存取資訊的管理和日誌等出口都能夠加以管理。

如圖7-12所示，如果遇到使用者或系統兩方都很混亂的情況時，則目錄服務伺服器非常有用。

定義的時候雖然需要準備和工時，但這是保障網路內部安全的有效手段。

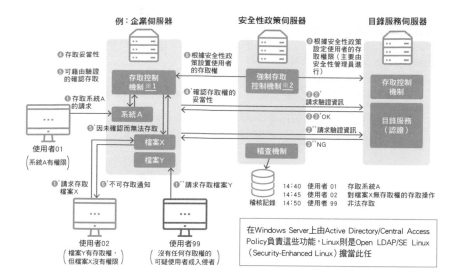

圖7-11　企業伺服器的存取控制範例

例：企業伺服器　　安全性政策伺服器　　目錄服務伺服器

④ 存取妥當性

⑤ 可藉由驗證
的確認存取

① 存取系統A
的請求

使用者01
（系統A有權限）

① ' 請求存取
檔案X

⑥ ' 不可存取通知

使用者02
（檔案X有存取權，
但檔案X沒有權限）

① '' 請求存取檔案Y

使用者99
（沒有任何存取權的
可疑使用者或入侵者）

② 根據安全性政
策設置使用者
的存取權

④ ' 確認存取權的
妥當性

⑤ ' 因未確認而無法存取

存取控制
機制 ※1

系統A

檔案X

檔案Y

⑧ 根據安全性政策
設定使用者的存
取權限（主要由
安全性管理員進
行）

強制存取
控制機制 ※2

②③ '
請求驗證資訊

③③ ' OK

② '' 請求驗證資訊

③ '' NG

稽查機制

稽核記錄　14：40　使用者 01　存取系統A
14：45　使用者 02　對檔案X無存取權的存取操作
14：50　使用者 99　非法存取

存取控制
機制

目錄服務
（認證）

在Windows Server上由Active Directory/Central Access
Policy負責這些功能，Linux則是Open LDAP/SE Linux
（Security-Enhanced Linux）擔當此任

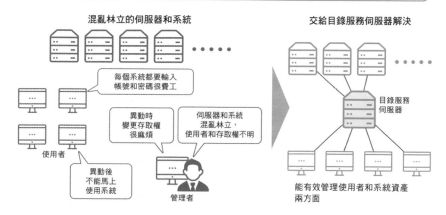

圖7-12　目錄服務伺服器的效果

混亂林立的伺服器和系統

每個系統都要輸入
帳號和密碼很費工

異動時
變更存取權
很麻煩

伺服器和系統
混亂林立，
使用者和存取權不明

使用者

異動後
不能馬上
使用系統

管理者

交給目錄服務伺服器解決

目錄服務
伺服器

能有效管理使用者和系統資產
兩方面

Point

✎ 可藉由架設使用者管理的伺服器，加強每台伺服器的安全性
✎ 由於需要詳細、嚴密的定義，所以得做好相應的準備，不過成效也很好

※1　專注在使用者資訊與登入的任務上
※2　按照政策設置存取權

>> 防毒對策

中毒的原因

電腦中毒的原因雖然有很多,但據說多半都是因為使用者的行為所引起的。主要情況列舉如下(圖7-13)。

- 瀏覽外部網站
- 從收到的電子郵件中的鏈接瀏覽外部網站或點開附件
- 下載程式
- 讓電腦讀取USB隨身碟或各種媒介

中毒有可能導致電腦無法使用、數據外洩等問題。萬一連伺服器也被中毒,則損失非常巨大。

為了避免這種情況發生,依照資訊安全策略和以此為基準的運用細則,以使用者不做上述行為為原則,同時還要使用防毒軟體。

防毒伺服器的功能

防毒軟體可同時安裝在伺服器和用戶端上,不過最主要的部分也會在伺服器的主導下對用戶端電腦進行更新。

伺服器具有以下功能(圖7-14):

- 檢查和安裝最新的軟體
- 檢查用戶端的軟體版本和級別,並指導他們執行更新操作

到目前為止討論的伺服器中,功能上最接近的是**4-4**的NTP伺服器。其與後面登場的WSUS伺服器等的功能相同。

圖7-13　中毒途徑圖例

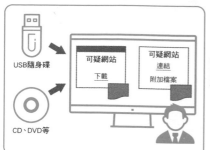

中毒通常是
由於使用者粗心大意
所造成的

若想防範系統中毒，就必須
了解資訊資訊安全政策和
安全性政策

圖7-14　防毒伺服器概述

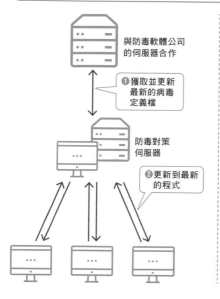

與防毒軟體公司
的伺服器合作

❶獲取並更新
最新的病毒
定義檔

防毒對策
伺服器

❷更新到最新
的程式

電子郵件防毒範例

exe的
附加檔案等

從公司外部
發送電子郵件

exe的附加檔案等

為了防止來自公司外部的惡意電子郵件或內部中毒電
腦的感染傳播，通常伺服器和用戶端具備能阻止下載
某些副檔名（如exe）的檔案附件

Point

✏ 為了預防中毒，使用者不僅要注意自身行為，還要使用專屬軟體
✏ 防毒伺服器經常會檢查最新的檔案，並執行伺服器本身和用戶端的更新

≫ 故障防範對策

備份的邏輯概述

只有系統和伺服器穩定運行，才能夠達到當初導入的目的。

發生故障時，仍然能繼續運行的系統被稱為**容錯系統**（Fault Tolerance System）。

採取故障防範對策是穩定運行所不可或缺的。接下來透過物理和技術的觀點整理歸納。

物理觀點

伺服器本體自不必說，其他像是連接伺服器和網路的網路介面卡（Network Interface Card：NIC）、硬碟和硬碟上儲存的數據都需要分別採取故障防範對策（圖7-15）。

此外，還需要一套對策，確保各個設備共同所需的電源供給。

技術觀點

從技術角度來看，有2種主要思考方式（圖7-16）：

● 備份

這種想法很像正式版和研發版2種版本的機制，為防範目前使用且正在運轉中的設備出現問題，預先準備1台待機中的備用設備，並在出現緊急狀況之際切換成備用設備。

● 負擔分散

這種思考方式認為要事先準備多組硬體，再因應硬體負載狀態進行分配。

圖7-15　故障防範對策的物理概述

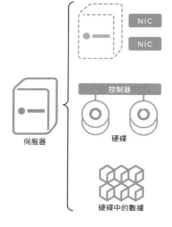

NIC
NIC

控制器

伺服器

硬碟

硬碟中的數據

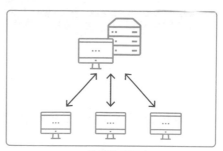

● 建築物耐震度
● 電源的供應

如果一間在東京有系統據點的企業，還另外在同時在北海道和大阪以西等地有同樣的據點與設備的話，災害對策就萬無一失了

圖7-16　故障防範對策的技術概述

對象	技術名稱	概述	性質
伺服器主體	叢集	如果正式設備發生故障，則切換到備用系統	A
	負載平衡	分成好幾個來分散負荷，防範於未然	B
NIC	協同運作	防止網路介面卡（NIC）發生故障導致通訊中斷	A、B
硬碟	RAID	備份RAID 1，RAID 5則分散儲存等……諸如此類	A、B
數據資料	備份	完整備份、差異備份及複製等	A
各設備、機殼	UPS	具備停電時的電源供給和安全關機功能	A

備份（A）

負擔分散（B）

Point

✎ 發生故障時也能運行的系統被稱為容錯系統
✎ 故障防範對策大致分成備份和負擔分散2種思考方式

» 伺服器的故障防範對策

讓多個伺服器合為一體

有一種名為叢集的技術可防範硬體故障，就像前一節所提到的伺服器備份技術一樣。

在引進叢集時，需事先準備幾台正式和備份用的伺服器。

從用戶端的角度，會把好幾台伺服器當成是1台，而且**只要正式設備故障，就會迅速切換成備用設備**（圖7-17）。

第3章介紹了幾種虛擬化技術，是種將多個伺服器合而為一的形態。

分成多個以分散負擔的形態

負載平衡（Load balancing）也被稱為負擔分散，顧名思義，是一種**在多個伺服器上分散工作負載，提高處理效能和效率的方法**。

叢集會在系統故障後發揮功效，但負載平衡卻是透過提前分配負載來防止故障。

使用者不會特別意識到它的存在，但軟體或硬體將根據情況選擇存取的伺服器。

其中一個很好懂的例子是網站伺服器（圖7-18）。

隨著存取數的增加，1台伺服器可能會停止回應，因此需透過增加設備數量來應對。

其要運用專屬的專用伺服器和作業系統的附屬軟體。

圖7-17　叢集概述

伺服器之間不斷複製數據

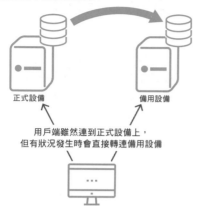

正式設備　　　備用設備

用戶端雖然連到正式設備上，
但有狀況發生時會直接轉連備用設備

相關術語：熱待機
- 準備正式及備用設備，以提升系統可靠性的辦法
- 不斷將正式設備的數據複製到備用系統，故障時會立刻切換設備

相關術語：冷待命
- 跟正式及備用設備的準備一樣
- 如果正式設備發生故障，就切換到備用設備
- 因為備用設備會在正式設備故障後才啟動，所以需要一點時間交接

圖7-18　網站伺服器的負載平衡範例

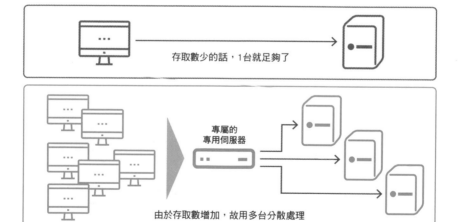

存取數少的話，1台就足夠了

專屬的
專用伺服器

由於存取數增加，故用多台分散處理

Point

- 叢集是正式系統發生故障時切換到備用設備的方法
- 負載平衡則是透過分配多台負載來防止故障發生於未然的手段

» 網路與硬碟的故障防範對策

避免網路癱瘓的技術

雖然伺服器已連上網路，但要防止網路介面卡發生故障無法通訊的情況發生，這種技術就叫做協同運作。

下面我們來看一下主要的2種方法（圖7-19）：

- **容錯**

  有正式設備和備用設備，在發生故障時切換到備用設備。
- **負載平衡**

  運用多個擴充，與伺服器負載平衡一樣，進行負擔分散。

把多個硬碟顯示成一體的技術

RAID（Redundant Array of Independent Disks，容錯式獨立磁碟陣列）是把多個硬碟一體化的技術。接下來介紹其主要的級別。

像伺服器叢集一樣，有備份用的RAID 1、分散儲存數據的RAID 5、RAID 6等不同級別的功能（圖7-20）。

就算有1個硬碟發生故障，RAID 1也會有其他儲存同樣數據的硬碟，因此很輕易地就能繼續使用。只是需要比原本大一倍的硬碟，成本也相對比較高。

RAID 5和RAID 6可以藉著分散儲存，一次讀取多個位置的數據，提高存取性能。因為萬一有狀況的時候需要修復數據，所以有時也會配備備用硬碟。根據數據的重要性、修理需要耗費的時間以及系統複雜性等條件選擇RAID級別。

圖7-19 　　　　　　　　　　**協同運作概述**

容錯

通常會用正式設備的NIC進行通訊，發生故障時則透過備用設備通訊

在Linux上稱為「bonding（結合）」，有各式各樣的模式。例如圖中的故障容許度是設定成active-backup模式

負載平衡

● 透過多張NIC進行通訊
● 還可以擴展頻寬

圖7-20 　　　　　　　　　　**RAID的各級功能**

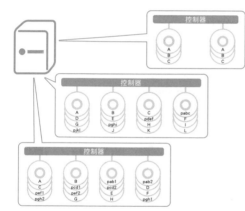

控制器

RAID 1的狀況
● 同時將數據寫入2台硬碟
● 也稱為「鏡像」
● 如果一方發生故障，則立即切換

控制器

RAID 5的情況
● 舉例來說，即使4個系統中的其中一個硬碟當機，也還是可以從其餘3個系統還原資料
● 如果硬碟A發生故障，就從B、C和pabc（A、B和C的同位）還原A的數據

控制器

RAID 6的情況
舉例來說，即使4個系統裡有2個硬碟當機，但因為還有2個同位硬碟，所以可以從剩餘的硬碟復原資料

● 除了上述RAID之外，預備用的磁碟還可以與熱待機（備用磁碟）功能互相配合，在發生故障時自動替換發生故障的硬碟

● 另外，最近的系統漸漸朝這個方向發展：就算在資料備援或電源瞬斷等事故當下，也依舊能馬上執行復原機制。在Solaris中，可運用的有ZFS（Zettabyte File System）或Linux的Btrfs（B-tree File System）等等

Point

✎ 為確保伺服器網路連接的穩定度，故有協同運作功能
✎ 協同運作的手段分成容錯和負載平衡2種
✎ RAID是硬碟的故障防範對策，包括RAID 1、RAID 5、RAID 6等

>> 數據備份

備份的邏輯概述

　　故障引起的最困擾的事情之一是數據丟失。伺服器和儲存設備存有各種關鍵數據，萬一消失的話影響甚大。

　　因此才要定期進行數據的備份。數據備份包括定期備份所有數據的完整備份，還有以完整備份為基礎，備份差異數據的差異備份（圖7-21）。

　　過去，完整備份＋差異是主流，但由於資料量不大、希望簡化系統的需求下（從差異數據還原資料比較複雜），以及伺服器和儲存成本的降低，因此選擇完整備份的人正漸漸增加。

備份的物理概述

　　其物理的實裝形態可以是下列形式（圖7-22）：

- 除了正式設備外，還提供稱為備用系統的備用伺服器，並定期備份到該伺服器（更可靠的方法）
- 在同一機殼內準備備用硬碟，並進行備份的形態
- 使用外部媒介，如DVD和磁帶等

　　從圖7-22可以看出，易於備份和還原的形態成本高昂，而耗時的模式則成本較低。也有一些企業團體非常重視災難復原（為了繼續事業的災害防範措施）。

　　另一種方法是複製中介軟體或應用軟體，再將數據儲存在多個儲存區域中。

圖7-21 　備份的理論概述

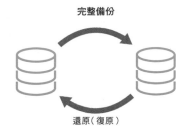

完整備份

還原（復原）

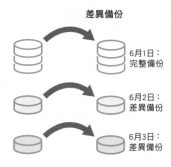

差異備份

6月1日：
完整備份

6月2日：
差異備份

6月3日：
差異備份

- ●理想的情況是完整備份
- ●全部複製後恢復即可，非常簡單
- ●必須解決像是有無備用伺服器或儲存設備等成本方面的問題
- ●最近由於硬體價格的下滑，完整備份慢慢有所增加

- ●差異備份僅複製完整備份以外的差異數據
- ●差異數據類型愈多，還原就愈困難

圖7-22 　備份的物理概述

正式設備　　備用設備

- ●從正式設備到備用系統的備份是很可靠的
- ●安裝相同的應用軟體
- ●需要2台伺服器，但很放心

- ●在伺服器上執行備用硬碟的備份
- ●1台伺服器，但增設了額外的硬碟

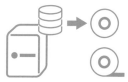

有時備份到如DVD和磁帶系統等外部媒介上

預想災害的情況，也有在東京設置正式設備，大阪設置備用設備等的災難復原的創意

正式設備　　　　備用設備

複製方法中，有將數據寫入多個硬碟的方法

Point

🖉 備份有完整備份和差異備份

🖉 備份可透過架設名為備用系統的伺服器，在同一伺服器中擴充備份硬碟，或是運用DVD和磁帶等外部媒介來實現

» 電源的備份

建築物停電對策

伺服器需要通電才能運行。

如果電源因停電而停止,伺服器也會停止,如果不採取措施將會出大事(圖7-23)。

首先,我們要確認的是建築物等的停電措施。大樓、醫院和公寓也是如此,但與普通家庭不同,它接收多個系統的電源,因此短時間內停電時,還是可以自動切換到其他系統上繼續工作。

此外,由於有些建築物配備了自用發電機,即使是電力公司和其他公司的電力傳輸停止的情況下,幾分鐘內就能得到供電。

在部署伺服器時,請務必安排UPS

UPS是Uninterruptible Power Supply(不斷電電源供應器)的縮寫,這是一種保護伺服器和網路設備免受突然停電或電壓急劇變化影響的設備。

UPS具有在停電時**從電池為目標設備供電的功能**,以及藉由安裝專用軟體,**安全地關閉設備的功能**(圖7-24)。

例如在伺服器上連接了具有15分鐘供電能力的UPS,停電後會立即運用UPS電源。如果斷電時間可能超過15分鐘,則伺服器中的專用軟體和UPS將在一定時間內協同工作以關閉。

這意味著,如果停電時間較短,使用者就不會特別意識到;如果停電時間很長,就避免突然關機。簡單地說,可認為UPS是在代替人類進行電源的管理。

基本上,在建置伺服器時,請務必安排UPS。UPS的大小與伺服器的大小成正比。

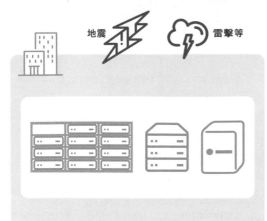

圖7-23 .... **停電後，建築物的電源供給會怎樣？**

地震 雷擊等

如果發生停電該怎麼辦？在導入伺服器前應確認的事項
●能接受多個系統的電力供應嗎？
●有自己的發電機嗎？

圖7-24 .... **UPS概述**

❶檢測到停電並向伺服器供電
❷在伺服器上安裝專用軟體，可以安全關閉伺服器

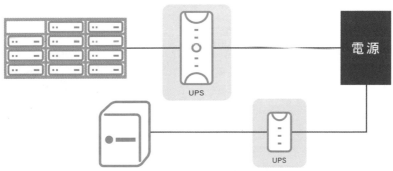

電源

UPS

UPS

UPS的規模與伺服器輸出成正比

Point

✎引進伺服器時，必須連UPS也一起配備
✎UPS身具停電時的電源供給功能和安全關機功能

動手試一試

為AI化整頓數據～資料的建立～

假設我們在第148頁上設定了資料項。下面舉個例子。

- 持有該店積分卡＜有・無＞
- 以家人或情侶等多人組合光顧＜多人・1人＞
- 由客戶主動詢問產品的問題＜由客戶・由工作人員＞
- 談論競爭對手＜提及競爭對手的話題・無＞

為了簡單地將這些項目數值化，將1和0的結果組合起來，再決定是否進一步降價。

數據的製作和維護

我們將根據上述專案創建數據。您可以追溯到客戶服務歷史記錄，或者如果沒有歷史記錄，則繼續創建新數據。下面是創建範例。請自行嘗試創建看看。

有無積分卡	多人／1人	由客戶／由工作人員	是否提及競爭對手的話題	折扣
有／無	1	0	0	0
1	1	1	0	1
0	1	1	1	1
1	0	1	0	1

舉例說明的數據稱為機器學習監督數據。一般來說，資料量愈多精度愈高。

本文解說了AI系統的實現中存在自行架設伺服器和使用雲端服務的情況。

無論如何，如果不能創建監督數據，AI化就不會取得進展，因此請牢記這一點。

第8章

伺服器的建置

～架構、效能評估、設置環境～

≫ 不斷變化的伺服器引進①

導入研討中的變化

伺服器選擇與以前大不相同。

例如，20年前沒有雲端服務，因此本地部署的伺服器是最基本的。當然，在選擇伺服器之前，需要考慮創建這樣的系統，這一點無論是過去還是現在都沒有改變。

不過，現在的時代基本上新的系統皆要先考慮雲端。世界也在朝著不擁有東西、共享的方向發展。

從雲端考慮容易理解

如果未來的業務變更、處理的資料量、使用者人數等數據都有可能急劇增減，則選擇可以彈性應對的雲端。

可依照使用者的增加趨勢、時間段和使用狀況的變化等來判斷是否可以繼續使用雲端。

但是，即使業務幾乎沒有變更，也要先考慮雲端，然後才是思考本地部署或租借的可能性（圖8-1）。

未來將是一次性伺服器的時代嗎？

從雲端開始思考是一個巨大的變化，但隨著時代的發展，還有其他的改變在發生。

以前購買伺服器時，一般簽訂定期維修或發生故障時維修等合約。

現在則是幾年前好幾百萬日圓的伺服器，如今用一百萬日圓就能買到的時代。甚至出現如果損壞，就更換成備用伺服器的舉動。尤其是在擁有大量伺服器的資料中心等處，這算是例行公事（圖8-2）。

的確，伺服器數量龐大時，與支付維護費用相比，將備用伺服器或元件放在手邊的成本可能更低。

圖8-1 從雲端考慮伺服器

這是什麼樣
的系統？　　伺服器要
如何處理　　雲端　　本地部署
還是租賃？

從現在開始，從雲端思考伺服器的挑選會
更容易理解。然後考慮是本地還是租賃。
也有應對利用狀況的季節變化的雲端服務

相關術語：水平擴充
意指為了提高系統處理能力而增加伺服器數量。

相關術語：垂直擴充
意指增加CPU等元件的效能以提高處理能力。

圖8-2 伺服器也將進入一次性時代？

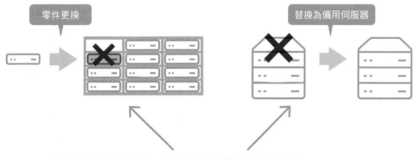

零件更換　　　　　　　　　　　　替換為備用伺服器

●以前會簽訂維修契約，在發生故障時檢查和更換部件
●最近甚至出現直接以新產品替換壞掉產品的做法
●這麼做的背景是設備不再容易損壞，同時伺服器數量增加

Point

∥ 選擇伺服器時先考慮雲端，然後再考慮是預配還是租用，這樣很容易理解
∥ 由於伺服器價格下降和數量增加，維修的想法也愈來愈多樣化

» 不斷變化的伺服器引進②

設計與建構中的變化

除了雲端運算外,專用伺服器還可用於配置特定用途,從整個系統開發角度來看也更加方便。

以前在伺服器的構成設計和動作的確認等方面需要工時。使用雲端後,很容易就能變更設定。此外,專用伺服器還安裝了必要軟體,並且已經預先驗證過,因此非常安全(圖8-3)。

減少工時

與以前相比,系統開發和引進所需的工時中,**與伺服器相關的部分正在減少**。

特別是中小型系統,與伺服器相關的作業所佔的比重較大,因此減少的效果顯著。

花更多的時間思考商業

現在正是提倡利用數位科技改革商業的數位轉型和數位創新的時代。

隨著數位技術的不斷完善,資訊系統在商業中愈來愈受到重視(圖8-4)。

在數位科技的應用中,我們不僅需要研究系統,還需要研究商業。現在是規劃商業的人也要思考系統的時代。

將上述工時節省下來就可以有效活用,像是**商業研討,或者用來學習最新的數位科技**等等 ,不曉得各位以為如何?

對於許多商務人士來說,如今的時代對於數位科技(如人工智慧和物聯網)的理解將不可或缺。

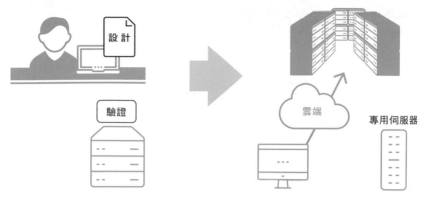

圖8-3 無需進行伺服器結構設計與驗證

設計

驗證

雲端

專用伺服器

無需設計或驗證，即可使用的雲端和專用伺服器

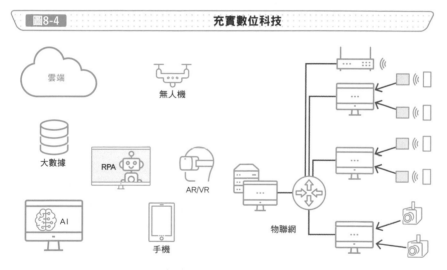

圖8-4 充實數位科技

雲端

無人機

大數據

RPA

AR/VR

AI

手機

物聯網

數位轉型（DX）、數位創新（DI）的時代

Point

✏ 隨著雲端和專用伺服器的出現，與伺服器相關的系統開發工時正有所減少

✏ 希望各位將空閒時間用於商業研討及新技術的學習上

» 思考系統架構

想像系統的架構

在考慮建置系統時，最初要想像系統架構的模樣。

舉例來說，如果在新的部門引入商用系統，那麼如上一節所述，首先要考慮是用雲端伺服器還是自己架設伺服器。

以一般商用系統來說，目前通常還是自己架設本地部署伺服器比較多。

在這種情況下，可以根據數據處理需求、數量以及使用者人數來規劃伺服器、用戶端和網路的大略構成（圖8-5）。

近年來，考量系統結構之所以變得愈來愈困難，是因為本書多次介紹的用戶端多元化，還有需要對虛擬化進行探討所致。

事例及動向的確認

正式的研究如前面所述。

其次希望要添加的是**確認本公司過去的事例、媒體等公開的同類事例、系統動向等資訊**。

如此一來，便如圖8-5的虛線圈起來的部分所示，可以確認支援無線區域網路比較好，還是開發和測試用的伺服器比較好等遺漏之處。 此外，最好在網站、雜誌、各種研討會上了解一下同類系統的相關案例。

如果是數位科技等新技術或領域的話，應該會在各式各樣的媒體上進行學習或研究，但不管是什麼樣的系統，都該進行相同的步驟。

如此一來，系統就能伴隨商業和資訊科技的動向成長，成為一套長壽的系統（圖8-6）。

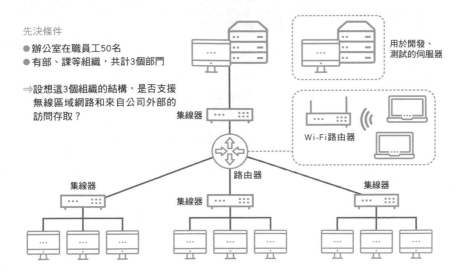

圖8-5 系統架構的設想範例

先決條件
● 辦公室在職員工50名
● 有部、課等組織，共計3個部門

⇒設想這3個組織的結構，是否支援無線區域網路和來自公司外部的訪問存取？

用於開發、測試的伺服器

Wi-Fi路由器

集線器

路由器

集線器

集線器

集線器

圖8-6 架構研究的步驟

系統結構的研究 ➡ 獲取同類案例和系統趨勢資訊 ➡ 藉網路、雜誌、研討會等查看最新趨勢

⬇

順應商業和資訊科技趨勢，長期可用的系統

Point

🖊 以基本的資訊為基礎建構系統
🖊 希望各位確認類似案例和系統趨勢，並學習最新技術，以確保結構正確

第 **8** 章

思考系統架構

» 伺服器的效能評估

伺服器的效能評估

3-2雖然提到了效能評估，但本節將更詳細地講解。
它主要藉由以下3種觀點和方法的組合進行（圖8-7）。

❶書面計算

　　根據使用者要求，計算所需的CPU性能等。是最基本的進行方式。

❷案例研究、製造商推薦

　　參考同類案例和軟體製造商和經銷商的建議做出決策。如果存在類似的情況，則非常有幫助。

❸工具上的驗證

　　此方法特別適用於與網站相關的伺服器。透過檢測負載的工具，了解當前CPU和記憶體使用方式，並根據實際測量值進行研究。

持續變化的書面計算

　　以前的CPU書面計算以時鐘頻率（工作頻段）為中心。例如，2GHz的CPU以每秒可計算20億次等數值為基礎進行堆疊。

　　近年來，CPU性能的顯著提高，除非資料量太龐大，否則人們不再擔心這個問題，並且由於需要多任務處理各種應用軟體，PC伺服器通常以**評估CPU的核心和執行緒數為主流**（圖8-8）。

　　簡單地說，CPU核心數是指CPU機殼（CPU外殼）中有多少CPU，執行緒數是指可以處理的工作或軟體數。

圖8-7	在考量效能評估上的3個視角

書面計算的累加　　　　　參考同類案例和製造商建議　　　安裝工具以測量效能和負載

圖8-8	CPU的核心數和執行緒數

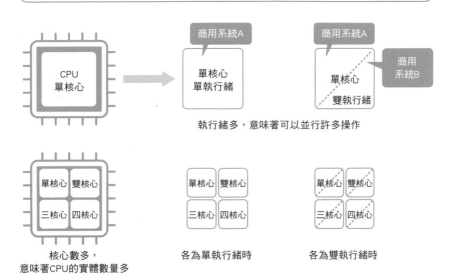

≫ 效能評估範例

先決條件案例研究

本節介紹的是將在效能評估方面很廣泛應用的書面計算和過去的導入事例結合的案例。

筆者的團隊是專為顧客的公司提供資訊科技的諮詢。也有時需要安裝本地伺服器來提高自身的業務效率、為客戶開發系統並學習新技術。

下面以虛擬化環境為例,繪製**草圖**確保系統和軟體配置不會洩漏(圖8-9)。

先決條件
- Windows Server、VMware虛擬化環境

伺服器
- 伺服器軟體:商用系統、BPM系統、AI人工智慧、RPA流程機器人
- 中介軟體:MS SQL

個人電腦
- AI、OCR、RPA等共5套

書面計算案例研究

根據上述軟體**以虛擬化為前提**進行評估(圖8-10)。

伺服器上有6組作業系統,但根據過去的情況和軟體製造商的建議,CPU核心數和記憶體是VMware的參考值,為4核心8GB。此外,桌上型電腦的參考值是2核心和4GB。

如圖8-10所示,它們的總和為34個核心和68GB。

該如何根據34和68實際安排伺服器的性能呢?由於業務使用的權重不高,所以決定乘以1.25做加權。最後我們選擇了CPU44核心和96GB記憶體伺服器。

硬碟也根據RAID等配置進行評估(請參閱)。

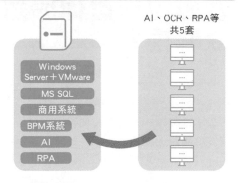

AI、OCR、RPA等
共5套

圖8-9 繪製和確認草圖

＜CPU與記憶體的效能＞
伺服器虛擬環境 ： 共6個
電腦虛擬環境 ： 共5個

繪製草圖並檢查它們，以確保沒有洩漏或錯誤

圖8-10 書面計算的過程

＜CPU與記憶體＞

伺服器用 VM	＜4核心・8GB＞	×6組	＝ 24核心・48GB
桌電用 VM	＜2核心・4GB＞	×5組	＝ 10核心・20GB
總計			34核心・68GB
加權後（×1.25）			43核心・85GB
≒安排購入			44核心・96GB

注1） 在虛擬化環境中，它與虛擬化軟體（在本例中為VMware）集合在一起，因此各個軟體之間沒有區別。
因此，只要用製造商的推薦值或事例，在虛擬環境的基礎數值上乘以數量即可

注2） 一般而言，為留出足夠的空間，需調整在1.2至1.5左右。
這次由於商用系統的權重不高，所以沒有必要估算太大，所以定為1.25

注3） 調整後與實際安排會根據伺服器的CPU和記憶體配置而有不同

注4） 關於硬碟，將RAID 6和備用磁碟組合在一起，實效為5TB。總共有8個系統，其中同位為2，
備用磁碟為1，因此8－2－1＝5。在RAID 6和RAID 5中，因為設想同位，故有效容量很小

參考：硬碟評估 各1TB

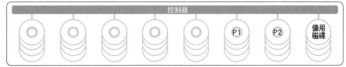

Point

✐ 效能評估時一定要畫完草圖再繼續

✐ 根據事例和製造商推薦等確定基礎數值，並進行適當的計算

✐ 根據係數進行調整，以預測峰值操作和未來擴展，但需要確定可擴展性有
多遠

≫ 要如何放置伺服器？放哪裡？

伺服器的架設位置

以本地部署的方式架設伺服器時，如果能夠確認實體大小，希望可以事先研究好**設置場所和方法**。一般有以下3個選項（圖8-11）：

- 辦公室內管理人員座位的旁邊或下方（臨時放置）
- 安裝在辦公室的專用機架中
- 安裝在伺服器機房（電腦室）

伺服器發出的聲音比電腦大得多，並且根據外殼的形狀，某些類型可能會感覺到溫度和熱度，因此不建議將其放置在辦公桌排成一排的辦公空間中。架設時必須要有**專用空間**才行。某些企業團體可能位於辦公室的專用機架中，每個部門或部署（如檔案伺服器或列印伺服器）都有伺服器。

架設與存放的方法

一旦確定了安裝位置，下一步就是如何安裝或儲存它。

有2個基本選項（圖8-12）：

- 直接放在地板上
- 在專用機架中

機架以19英寸機架為基本，有些型號的機架帶有門，以解決聲音、熱度等問題。

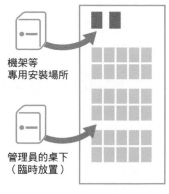

圖8-11　伺服器的架設位置

機架等
專用安裝場所

管理員的桌下
（臨時放置）

企業或團體的
辦公空間

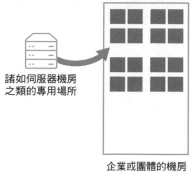

諸如伺服器機房
之類的專用場所

企業或團體的機房
※只有IT設備鱗次櫛比

圖8-12　建置與儲存的方法

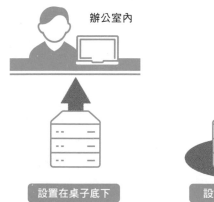

辦公室內

設置在桌子底下

※因尺寸大、
　聲音大、熱度等
　原因不推薦

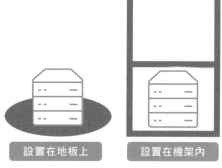

設置在地板上　　設置在機架內

專用空間或機房

Point

∥ 在配置伺服器之前，請務必考慮安裝位置和方法
∥ 與電腦相比，伺服器在物理上更大、聲音更大、熱度更高，因此基本上應
　將其放置在專用空間或房間中

≫ 伺服器電源

伺服器功耗

如各位所知，伺服器是需要電源供應的機器。

據電力公司的說法，普通家庭的電力契約數量多為30A（安培）和40A。以40A為例，一次性使用的電器最高可達4,000W，例如吹風機和微波爐各為1,000W左右，各間房間使用冷暖氣時需注意。

伺服器在運轉時消耗的功率，就算最小的伺服器也要幾百W以上，而大型機櫃的產品則會超過1,000W或2,000W，因此可說就像時常有個巨大吹風機在旁邊吹風一樣。順便說一下，桌上型電腦的耗電量為100W左右，筆記本電腦約為40W，不過新款電腦的耗電量似乎都有所下降。

如果將伺服器放在家中，則需要將契約從40A更改為50A，這在辦公室也是如此（圖8-13）。

了解本地部署的類型和配置後，**請確認一下製造商和經銷商提供的計算功耗的軟體等服務**。

那裡的插座可以用嗎？

如果確認了電力消耗沒有問題的話，就要確認物理上是否供電。

日本的家用電器基本為100V，伺服器大部分是單相（1φ）AC200V，也有三相（3φ）AC200V。根據辦公室的情況，有時還會需要進行配電板等工程。

此外，插座的形狀也主要採用圖8-14所示的三叉形。

雖然是很基本的事情，但是提醒一下，應該要確認**伺服器的電源整流器是否處於連接使用狀態**。

圖8-13	電力消耗與電力合約

一般家庭中30A或40A契約居多

● 吹風機和微波爐各約1,000W

● 如果家裡有幾百W的小型伺服器，則需要更改契約

原理與一般家庭相同，
因此請檢查
辦公室或樓層的伺服器
是否有足夠的電源供電

圖8-14	插座的形狀

插座形狀

插頭形狀

 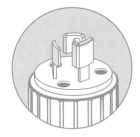

Point

✎ 由於伺服器消耗的電力較大，所以必須事先算出最大消耗功率，確認是否在辦公室等處使用

✎ 電壓和插座的形狀等也與一般電器不同，因此要加以確認

≫ 確保與IT戰略的一致性

IT戰略確認

部署系統和伺服器有多種動機和目的,例如部署新系統和伺服器以簡化業務營運,或採用數位科技(如AI、物聯網和RPA流程機器人等)以建立競爭優勢。

此時需要確認的是資訊技術政策和資訊系統部門正在制定的指導方針。

資訊技術政策是企業團體使用資訊技術和系統的系統性法規。內容包括戰略、基本方針、結構和營運。在一定的時間內對資訊技術政策做評估,透過PDCA的循環朝著更好的內容進化(圖8-15)。

經常聽到的安全性政策處於這些策略的下游位置。

以前也有企業和團體沒有制定資訊技術政策,但現在正在逐步完善中。

要確認目前引進的系統和伺服器是否符合資訊技術政策的規定,就必須查看一下章程文件。

諮詢資訊系統部門

如果抽不出這樣的時間,或者實在弄不太懂的話,和**資訊系統部門商量討論**是最快的方式。

此時我的建議是,不僅要檢查政策和準則的存在和內容,還要確認購買系統和伺服器的預算、審批方法、審批者、採購、安排、實施以及最後的上線後管理。

與資訊系統部門和一般事務部門等相關部門和有關人員協商,澄清自己或部門應該做什麼(圖8-16)。

圖8-15　　　　　　　　　　資訊技術政策概述

資訊技術政策：

企業團體使用資訊技術和
系統的系統性法規

組織IT戰略、基本方針、制度、
營運等內容。安全性政策位居
其下

- 長的時候可超過數十張A4的文章
- 最近在企業或團體內部網站上公開的情況
  很多

第 8 章

確保與IT戰略的一致性

圖8-16　　　　　　　　　　諮詢資訊系統部門

找資訊系統部門諮詢

還包含與資訊技術政策和準則保持一致

公司內部程序

- 採購預算
- 討論方法
- 確認審批者

採購與運用

- 採購（訂單）
- 各種籌備
- 實際導入
- 投入上線後管理

- 某些公司可能不是資訊系統部門，而是一般事務部門或企業管理部門
- 伺服器和相關軟體在訂購後可能需要一些時間才能交付，因此請儘早做好準備，並確認所需的
  活動

Point

- 在部署系統和伺服器時，需要確保與資訊技術政策的一致性
- 必須與資訊系統等相關的部門商討後再進行

» 誰負責管理伺服器?

誰來管理它?

部署系統和伺服器時,必須有人來管理它。管理人有時稱為管理員(Administrator)等。

如果是用戶端電腦,使用者在日常使用的過程中可以掌握情況,但是由於伺服器是公用的,因此如果不事先決定由誰來管理的話,就會處於無人管理的狀態(圖8-17)。

在上一節中,我們解釋了資訊技術政策需要和資訊系統部門商討等,而在企業團體中是由統籌資訊系統的部門管理哪些系統和伺服器該位於何處。當使用個別系統或伺服器時,尤其是部門使用的情況,也會將管理權交付給部門。

伺服器管理人的工作

接著來看以部門管理系統或伺服器管理者的業務範例。

下面列出企業或團體部門管理者的共同點(圖8-18)。

- **使用者管理**:新註冊、添加、更改、刪除系統使用者等
- **資產管理**:由於伺服器和軟體的管理編號為資產,因此請確保它們實際使用或未使用。特別注意伺服器、電腦等的外部設備
- **營運管理**:需要定期檢查伺服器是否正常運行。包括安全檢查等

像這樣,根據系統和伺服器的不同,需要相應的管理工時。**在討論導入過程時,請確認誰是管理人,以及此類業務的預期工時。**

圖8-17 ·············· **需要伺服器管理員**

每個用戶端都有使用者，
但伺服器不固定的話就沒有管理者。
從以下3個角度確認管理者

系統

伺服器

網路

路由器

圖8-18 ·············· **部門系統和伺服器管理人業務範例**

系統和伺服器管理人的工作

● 使用者管理
● 資產管理
● 營運管理（包括安全性）

相關文件和
報告撰寫

※由於也有實體設備的管理等，
　若數量龐大就會變得很繁瑣

Point

∥如果不提前指定伺服器管理者，就有可能無人管理
∥部門管理系統和伺服器的人員包括使用者管理、資產管理和營運管理

» 誰是伺服器使用者？

誰會使用它？

上一節以管理者為主題進行了解說，本節將對使用者進行整理。

除了只有寥寥數名使用者的情況外，系統或伺服器使用者都以稱為工作群組（workgroup）的特定組別進行管理。

4-2中提到的Windows的角色式存取控制（Role-based access control），便是群組管理概念的基礎。角色（Role）表示工作角色和功能，並根據角色分配職責所需的存取權。

即使是工作群組，只要是企業或團體的業務，**以執行業務的功能或單位編制小組**是最基本的。在日本公司中，通常有部門，及部門下層的課或組織。每個部門由部長、課長、組長、普通員工等組成，在職責存取權上存在差異。在考慮工作群組時，請記住有會有縱向群組和橫向群組（圖8-19）。

使用者權限

透過對使用者及其存取權進行分組和管理，當銷售部門的A課長轉任資訊系統部門的課長時，簡單地就能夠讓A課長無法存取銷售部門的檔案，但可存取資訊系統部門的檔案。此外，無論課長的存取權限是否更改，課長以上可以存取的檔案也保持不變。

組織上很容易忽略的是**系統的管理者和開發者**。

系統的管理員通常具有配合異動更改使用者權限和訪問大多數目標系統和文件的存取權。

如果系統繼續開發（如添加功能），則開發人員必須維護它，從而賦予開發人員某些存取權。

圖8-19　　　　　　　　　　　　　　　使用者概述

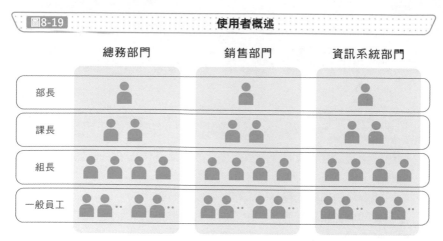

總務部門　　　　　　銷售部門　　　　　資訊系統部門

部長

課長

組長

一般員工

按部門劃分組別，按照部長與課長以上等職責權限劃分

圖8-20　　　　　　　　系統管理員和開發人員是必須的

正式機　　　研發機

使用者
更改

應用
更新

系統管理員　　　　　　　　　　　系統研發人員

- 考慮組織作用時，可能會忘記系統管理員，敬請注意
- 使用者的新增註冊、變更等由系統管理員進行

如果開發人員不授予某些存取權，例如可能添加功能的系統，則無法更新或測試應用軟體

Point

✎ 按組織單位或角色對使用者進行分組和管理
✎ 如果只考慮組織，可能會忘記系統的管理者或開發者的存在，敬請注意

》 在系統開發過程中導入伺服器

系統開發過程

　　伺服器配置設計和效能評估不是孤立的，而是作為系統構建流程中的其中一個程序。

　　在系統開發的傳統工程——瀑布式開發中確認定位。

　　瀑布式開發的過程就像瀑布往下流，依次進行需求定義、概念設計、細節設計、研發製作、組裝測試、系統測試、應用測試等各個階段。另一種研發方式是以應用軟體或程式為單位，不斷來回進行需求、研發、測試及發布釋出的敏捷式開發（圖8-21）。

與伺服器相關的各個工序中的作業

　　總結一下各個工序中的伺服器的操作。特別是**前半部分的工程非常重要**（圖8-22）。

- 需求定義
　　擷取使用者請求並定義要求。
- 概念設計、細節設計
　　根據需求定義進行配置設計和效能評估。
- 研發製作
　　構建和設置伺服器。
- 各種測試
　　不僅是伺服器，還有整個網路和系統。在組裝測試中使用者執行與網路等的整合性，在系統測試中使用者執行與系統整體的運行確認，在操作測試中使用者執行與輸入輸出處理。

圖8-21 系統開發過程

瀑布式開發的流程

需求定義 ▷ 概念設計 ▷ 細節設計 ▷ 研發製作 ▷ 綜合測試 ▷ 系統測試 ▷ 應用測試

敏捷式開發的流程

需求、研發、測試及發布釋出

需求、研發、測試及發布釋出

需求、研發、測試及發布釋出

需求、研發、測試及發布釋出

圖8-22 伺服器的關鍵任務是在上半場

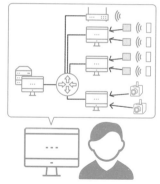

需求定義：

擷取使用者請求並定義要求

概念設計、細節設計：

基於需求定義的伺服器配置設計和效能評估

伺服器籌備：

根據系統的規模不同，需要準備開發系統和正式系統兩者，因此要注意各伺服器的安排

Point

- 在系統開發過程中，伺服器涉及所有流程
- 系統開發過程的前半部分對伺服器尤其重要

動 手 試 一 試

基本的2個主題

這裡讓我們來整理一下2個主題。實際查看伺服器與伺服器或系統之間有什麼關係。

其1　觀察伺服器

在第3章中，列出了檔案伺服器作為我們最熟悉的伺服器之一。如果是以前就存在的企業或團體，則存在既有的檔案伺服器。

雖然是普遍使用的檔案伺服器，但您是否知道它實際安裝在哪裡呢？

知道了安裝場所後，請親眼確認一下吧。

在這樣做之前，您需要確定誰是伺服器的管理員。

請到桌子下面、專用架子或者專用房間等看看。另外，從安全的角度來看，也有不能直接看到的情況。

其2　伺服器與系統的關係

接下來請舉出一個不同的伺服器或系統，定義自己和它們之間的關係。

第9章也進行了解說，大致可分為以下幾個部分。

在最貼近自己的觀點上打○	類型	範例	在有經驗的項目上打○
	策劃系統的人	管理層、使用者、資訊系統部門、資訊科技供應商、顧問	
	開發系統的人	資訊系統部門的人、資訊科技供應商、顧問	
	利用系統的人	使用者	
	管理系統的人	資訊系統部門的人、使用者、資訊科技供應商	
	面向未來學習中	面向未來的探討	

如果在前面的章節整理好與伺服器的關係，也許對伺服器或系統的興趣會更加明顯。

因為還不晚，所以請務必重新閱讀具有密切關連的章節。

第 9 章

伺服器的營運管理

～為了實現穩定的運行狀態～

≫ 上線後管理

穩定運行與故障排除

系統開始運作後,將進入以穩定運行為目的的管理階段。

以前也曾經有人把重點放在故障排除上,但現在這種以穩定運行為目標,力求防範未然的想法正逐漸成為主流(圖9-1)。請各位試著想想有可能因故障而對商業造成重大衝擊的系統,例如手機系統或大規模的網路服務等等。前者如果服務暫停,將影響眾多產業和個人活動;後者可能會無法申請或受理訂單之類的,在商業方面損失慘重。再加上背後的情勢如下:

- 軟硬體技術的進步,提高了單一硬體的可靠性
- 另一方面,系統架構因組合各種軟硬體而變得複雜,導致在故障發生後的處理上相對緩慢

上線後管理

伺服器上線後的管理大致分成2種(圖9-2):

- 營運管理/系統操作員
  包括常規的運轉監測、效能管理、變更處理和故障排除。
- 系統維護/系統工程師
  如效能管理、軟硬體升級與功能新增、錯誤處理及故障排除等。
  系統維護可以持續進行,也可以實施一段時間後就結束,要看故障影響程度和穩定運行的實績來判斷。

如果是小規模系統或單一部門的封閉系統等類型,**上線後多半只實施前者的營運管理。**

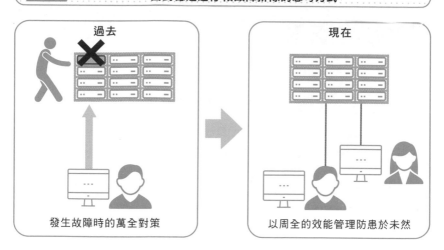

圖9-1 ⋯⋯⋯⋯ **面對穩定運行和故障排除的思考方式**

過去

現在

發生故障時的萬全對策

以周全的效能管理防患於未然

背景

● 商業上因系統故障而產生的衝擊愈趨擴大
● 單一軟硬體的可靠性提升
● 系統架構的複雜化導致故障排除速度緩慢

圖9-2 ⋯⋯⋯⋯ **上線後管理的概要**

	2種管理形態	內容	備註
上線後管理	①營運管理 （系統操作員）	● 運轉監測、效能管理 ● 變更處理、故障排除	常規、標準化的使用形態等
	②系統維護 （系統工程師）	● 效能管理、軟硬體升級及功能新增 ● 錯誤處理、故障排除	主要為非常規，無法標準化的使用形態

● 此為大規模系統或故障影響較大的系統的管理範例
● 小規模系統或部門內部的封閉系統大多僅實施營運管理
● 有的時候會結合①跟②，統稱為營運管理

Point

🖉 系統上線後，管理模式開始以穩定運行為目的，伺服器處於其中的一部分
🖉 如今防患於未然的想法漸漸成為主流
🖉 上線後管理大致分為營運管理和系統維護2個部分

第 **9** 章

上線後管理

201

≫ 故障的影響

故障影響範圍

在系統上線前,應提前考慮如何進行營運管理和維護。

此時拿來做判定的標準是預設系統故障時的影響程度。有時稱作**衝擊分析**。

一般來說,會藉由**影響範圍**和**影響程度**來探討。

影響範圍劃分為對客戶與公司外部、整家公司、整間辦公室、辦公室中的某個部門、特定組織或使用者的影響等等(圖9-3)。

舉例來說,如果行動電話的電信系統發生故障,那麼處理的過程就會變得非常辛苦,像是對那些使用行動電話的客戶與自家公司的修復工作,還有對客戶的應對等等。還有金融機構的自動提款機,以及交通機構的檢票口和售票機等系統都是如此。

另一方面,在公司部門所用的帳單開立等系統暫停運作的時候,造成的影響則是僅限於該部門或特定組織身上。

故障的影響程度

影響程度是將影響的大小量化成數值。

可分成最大(最糟)、大、中、小4個階段,有時也會簡化為3個階段,或是更詳細定義成5個階段。結合影響範圍和程度來討論的思考方式如圖9-4的範例。

企業團體的上線系統,其故障所帶來的影響各有不同。**影響範圍較大、程度也較高的系統必須確保萬無一失的穩定運行,因此上一節中列出的2個管理缺一不可。**

相對地,要是系統影響範圍和程度較小,便僅需施行上一節說的營運管理。像這樣總結成相關人士能理解的內容是很重要的。

順勢一提,有一種詳細梳理故障的衝擊分析,清楚列出其中要點並定義問題狀況的方法,其名為組件故障衝擊分析(Component Failure Impact Analysis,CFIA)。

圖9-3 ······················· 影響範圍概述

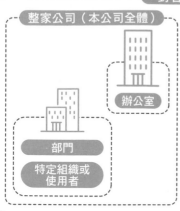

對客戶與外界

整家公司（本公司全體）

辦公室

部門

特定組織或
使用者

- 影響範圍可分成對客戶與公司外部、整家公司、整間辦公室、辦公室中的某個部門，以及特定組織或使用者
- 從圖中可以看出，系統的影響範圍相當廣泛
- 通常而言，一套作為社會基底的系統在發生故障時影響範圍會很大

圖9-4 ······················· 影響範圍和程度的考量範例

重要等級＝影響範圍＋影響程度			影響程度			
			最大	大	中	小
			4	3	2	1
影響範圍	對客戶與公司外部	5	9	8	7	6
	整家公司	4	8	7	6	5
	辦公室	3	7	6	5	4
	部門	2	6	5	4	3
	特定組織或使用者	1	5	4	3	2

- 從影響範圍和程度可以看出該系統的營運管理及系統維護狀況
- 用□框起來的項目非常重要，因此務必要準備萬全對策，避免故障發生

Point

- 可藉著檢視故障影響的範圍和程度來了解上線後管理的狀況
- 如果是影響範圍和程度都大的系統，就必須準備好萬全的管理以防萬一

第 9 章　故障的影響

203

≫ 營運管理的基礎

系統的營運管理

說到系統的營運管理，其中包含運轉監測、為求系統穩定運行所做的管理，以及發生故障時的修復等。

運轉監測的部分，已經在6-2中解說過運轉監測伺服器了。

大企業或資料中心等地都有劃分營運管理專用的空間，並設有好幾排專用系統的監視器。這些監視器上顯示各系統的運作狀況、故障狀況等資訊（圖9-5）。從這個意義上來講，運轉監測系統與伺服器可以說是**伺服器的頂點**。

營運管理員的工作

如果只是針對系統來說明，情況就如上面所述，不過營運管理上得有專任人才負責才行。例如提供網路服務的企業、大型企業、資料中心等，這些地方都有具備專業技能的人才24小時輪班負責營運管理（圖9-6）。實際上，有些公司也會推行雲端化，以減緩這種情況。

為了維持系統的穩定運行，必須管理和維護系統的效能，或是新增及變更規格，就像檢查、修理和更換住家設備一樣。

對於系統故障的發生所採取的準備，企業團體會舉辦假想的地震或火災避難訓練，而營運管理員則是定期實施「故障演習」等手段，務求在萬一的情況下也能短時間讓系統恢復正常。

談到系統和伺服器時，容易把目光放在從設計、研發、使用者視角的運用或效能等方向上，但其實營運管理才是最煞費苦心的工作。畢竟可能得配合系統的運作，進行**全天24小時管理**。

希望系統或伺服器的使用者可以向從事營運管理的人員表示敬意。

營運管理系統範例

營運管理系統以運轉監測系統為中心，並統帥其他的系統和伺服器

營運管理系統

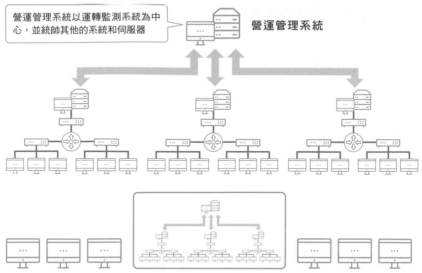

大企業、資料中心、網路服務等公司的營運管理專用機房內擺滿了監視器，非常壯觀

圖9-6　　　**營運管理員的主要工作**

3：00 AM

系統的
效能管理、維護

系統的
新增與修改

故障防範對策

- 營運管理員是24小時輪班制，為系統的穩定運行發揮作用
- 有時還會實施災害演練等故障演習
- 系統使用者應向營運管理員表示敬意

Point

- 系統的營運管理主要包括運轉監測與力促系統穩定運行的活動
- 擁有多套系統的企業團體會24小時施行營運管理

» 營運管理的範本

什麼是ITIL？

ITIL是Information Technology Infrastructure Library（資訊技術基礎架構庫）的縮寫。它是英國政府機構在1980年代後期建立的資訊科技應用指南，以書籍的形式整理成冊，如今已是企業團體在系統**營運管理上的範本和標準。**

ITIL概念是企業或團體在經營事業的過程中會如何運用的總結，其前提是這些企業團體正在活用各種各樣且會經常發生變化的技術。

簡而言之，其由以下5個階段構成：①基於商業需求適當提供資訊科技服務的服務策略；②設計出必要服務和架構的服務設計；③為實現服務而確實進行研發和版本變更發行的服務變遷；④執行測量和應用的服務作業；⑤應對變化、制定改善計劃的持續服務改進（圖9-7）。

ITIL帶來的視角

圖9-8簡要說明一般日本的企業或團體所說的系統管理內容。

在ITIL裡，主要相當於第②跟第③階段。

ITIL的長處在於它不僅是有計劃地實施，還有以下特點：其思路圍繞在持續改善營運的PDCA循環（規劃、執行、檢查、行動）上、對商務與資訊科技服務願景的一致性、現階段達成度的評估，以及清楚表達服務等級目標等規範。

ITIL的範圍廣泛，很難應用它的所有內容，不過還是希望各位可以將其中能引用的思考方式和部分的活動當作範本使用，繼續朝前邁進。

許多企業和團體現在都在逐步執行ITIL的導入、部分實施、研究以及學習。

圖9-7 ITIL的5個階段

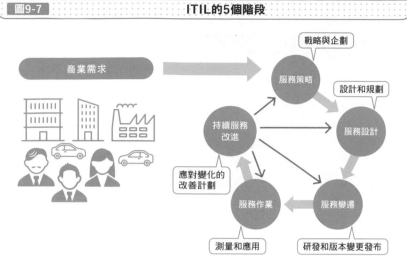

商業需求

戰略與企劃 → 服務策略
設計和規劃 → 服務設計
持續服務改進
應對變化的改善計劃
服務作業
測量和應用
服務變遷
研發和版本變更發布

圖9-8 ITIL對日本企業的衝擊

營運管理的基礎

運轉監測

實現穩定運行的管理

故障防範對策與修復

ITIL帶來的新視角

依照計劃實施

持續改善營運（PDCA）

評估當前狀態和達成度

服務等級目標

ITIL以前所未有的角度對日本企業團體的
系統營運管理員造成巨大影響

Point

- ITIL是英國政府機關制定的資訊科技運用指導方針，也是營運管理的範本
- 目前的日本企業正在慢慢導入ITIL
- 因為有一些日常的營運服務，所以目前仍然只限於一部分的團體或企業引進使用

≫ 伺服器的效能管理

伺服器的效能管理

系統營運管理日常且典型的工作之一是穩定運行所不可或缺的效能管理。

系統管理員監控系統的運算能力，並臨機應變地調整CPU等資源分配。

譬如說，他們會受理使用者的問題，像是「系統反應不佳，請幫忙處理一下」、「特定系統要跑很久才能完成工作」之類的。甚至可以把使用者比喻為客戶，營運管理員則是提供服務的公司，並負責處理這類客訴（圖9-9）。

在商用系統一類的系統中，尤其是在數據輸出入增多的月底時期，偶爾會發生這種現象。

營運管理員調查系統的使用狀況並加以處理，讓使用者能在正常的性能下使用。

在Windows Server上，像這種案例可以用工作管理員的「性能」介面檢查伺服器的CPU使用率。

到時如果特定CPU核心等裝置的負載較高，則用「詳細資料」變更處理程序的優先順序來處理（圖9-10）。

不僅僅是CPU

雖說用CPU解決就好，但有時CPU使用狀況上可能並沒有什麼特殊問題。

遇到這種情況，就要依照記憶體、硬碟的順序逐步檢查。

就算系統的規模變大，也是一樣的流程步驟。若是中小型的PC伺服器，因為CPU、記憶體和硬碟都裝在同一台伺服器的機殼裡，所以可以直接檢查；萬一系統龐大，機殼可能就會分開，因此有時需要透過專用軟體進行查驗。數據更新量較大之類的時期，有可能會是硬碟出現問題。

圖9-9 效能管理是營運管理員的典型工作之一

收到使用者請求的案例

系統反應不佳，希望幫忙處理一下

系統跑太久，沒辦法工作

為您確認一下

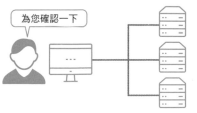

運轉監測系統發出警報的案例

A系統的CPU負擔較高，所以調整看看吧

圖9-10 更改流程優先順序範例

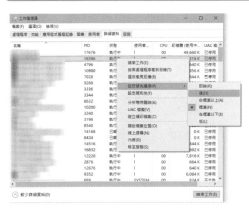

- 在Windows Server（左圖）中，將想要提高優先順序的處理程序設定為「高（H）」，想降低優先順序的則是設定成「標準（N）」或「低（L）」之類的

- Linux則是將運行中的程式（ID：11675）的優先順序從初始值的「0」改為較低的「10」，隨後輸入指令「$sudo renice -n 10-p 11675」

※用renice降低當前設定的優先順序時，無需管理員權限即可執行。程式執行的優先級（nice）以-20（優先順序高）～19（低）表示

Point

✐ 系統效能管理是日常系統營運管理工作的例子
✐ 按CPU、記憶體、硬碟的順序檢查使用率等訊息，確認後予以處理

≫ 軟體的更新

軟體更新的兩大面向

持續運用系統一陣子後必須更新軟體。
軟體更新約略可分為兩大面向（圖9-11）：

提高效能
- 系統功能新增
- 版本更新

讓系統正常運行
- 系統的錯誤修正
- 作業系統等必備軟體的更新

不管是哪一種，都會先在開發環境或測試環境（研發結束後，為了系統營運而預先保留的環境）中進行更新測試，再執行伺服器或軟體的更新。
特別是跟安全性有關的軟體，這類軟體**經常發布緊急修復和更新**。歸納一下專有名詞的權重，就形成：修復＜更新＜版本更新。

在Windows中時

在家用Windows電腦上，可以在Windows Update上酌情下載並應用更新程式。
而在企業或團體的主從模型環境中，Windows Server會藉由Windows Server Update Service（**WSUS**）發布微軟所提供的Windows更新程式（圖9-12）。
如果一個個用戶端都執行Windows Update，就會增加網路的負擔，所以可能是想避免這種情況才會採用這種做法。不過在系統管理上，**必須去確認哪些用戶端有更新、哪些用戶端沒更新軟體**。

圖9-11 軟體更新的兩大面向

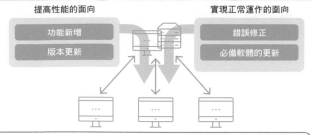

提高性能的面向

- 功能新增
- 版本更新

實現正常運作的面向

- 錯誤修正
- 必備軟體的更新

相關術語：Patch（補丁）
指部分修正作業系統或應用軟體等程式，或是執行這套修正處理的程式和數據。有時也被稱為「更新」。

圖9-12 Windows Server Update Service概述

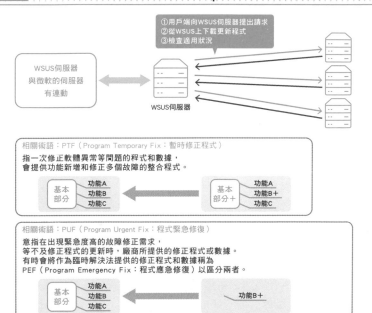

①用戶端向WSUS伺服器提出請求
②從WSUS上下載更新程式
③檢查適用狀況

WSUS伺服器
與微軟的伺服器
有連動

WSUS伺服器

相關術語：PTF（Program Temporary Fix：暫時修正程式）
指一次修正軟體異常等問題的程式和數據，
會提供功能新增和修正多個故障的整合程式。

基本部分
功能A
功能B
功能C

基本部分＋
功能A
功能B＋
功能C

相關術語：PUF（Program Urgent Fix：程式緊急修復）
意指在出現緊急度高的故障修正需求，
等不及修正程式的更新時，廠商所提供的修正程式或數據。
有時會將作為臨時解決法提供的修正程式和數據稱為
PEF（Program Emergency Fix：程式應急修復）以區分兩者。

基本部分
功能A
功能B
功能C

功能B＋

Point

∥ 軟體更新包括提高整體效能的功能新增，以及讓系統正常運行的錯誤修正
∥ Windows Server的更新程式會透過WSUS發布

» 故障排除

效能低落與故障的區別

在有大量使用者的系統上，事務繁忙或輸出入數據較多的時期等狀況下，有些系統效能可能會有所下降。此時的應對方法已在9-5說明過了。

故障指的是系統停止運作，**正常功能沒有反應**的情況，像是從無法從桌電看見伺服器等等。問題的起因若是大規模災害的情況雖莫可奈何，可在系統問題出現的當下，管理員也只能立即著手查明原因並進行修復。

基本步驟

舉個現實中可能存在的例子，多台桌電都看不到伺服器，但其他功能都很正常在運作時，問題就有可能是在網路或伺服器上。檢查伺服器的步驟與效能管理時一樣，然後還要按照順序查看CPU、記憶體和硬碟。

確認網路是否有連線時，通常會透過專用的管理工具來察看，或是用以下指令等方式檢驗。如果是Windows，則運用命令提示字元等程式輸入。

- **ping**（Windows、Linux皆同）（圖9-13、圖9-14）
  針對特定IP位址檢查連接狀態的指令。
- **ipconfig**（在Windows上是ipconfig，在Linux上為ifconfig或ip指令）
  表示IP位址等設定資訊。
- **tracert**（在Windows是tracert，在Linux則是traceroute）
  可以檢查哪條路徑可以傳到目標IP位址。
- **arp**（Windows和Linux皆同）：
  可確認相同網路中的電腦MAC位址。這部分請重新參照3-4～3-6。

圖9-13　　　　　　　　　　在Windows中顯示ping指令的範例

```
C:\Windows\System32>ping www.google.com

Ping www.google.com [216.58.200.228] (使用 32 位元組的資料):
回覆自 216.58.200.228: 位元組=32 時間=3ms TTL=116
回覆自 216.58.200.228: 位元組=32 時間=3ms TTL=116
回覆自 216.58.200.228: 位元組=32 時間=4ms TTL=116
回覆自 216.58.200.228: 位元組=32 時間=6ms TTL=116

216.58.200.228 的 Ping 統計資料:
    封包: 已傳送 = 4, 已收到 = 4, 已遺失 = 0 (0% 遺失),
大約的來回時間 (毫秒):
    最小值 = 3ms, 最大值 = 6ms, 平均 = 4ms
```

圖9-14　　　　　　　　　　在Linux上顯示ping指令的範例

```
$ ping m01.darkstar.org

PING m01.darkstar.org (10.20.121.32) 56(84) bytes of data.
64 bytes from m01.darkstar.org (10.20.121.32): icmp_seq=1 ttl=64 time=0.184 ms
64 bytes from m01.darkstar.org (10.20.121.32): icmp_seq=2 ttl=64 time=0.160 ms
64 bytes from m01.darkstar.org (10.20.121.32): icmp_seq=3 ttl=64 time=0.231 ms
64 bytes from m01.darkstar.org (10.20.121.32): icmp_seq=4 ttl=64 time=0.205 ms
^C
--- m01.darkstar.org ping statistics ---
4 packets transmitted, 4 received, 0% packet loss,
time 3000ms rtt min/avg/max/mdev = 0.160/0.195/0.231/0.026 ms
```

※上述範例是在第1行輸入指令並按下Enter鍵。除了IP位址外，兩者顯示的內容基本相同，只是Windows的語言有在地化。

Point

◢ 故障和效能低落是2種不同的現象，故障的意思是系統停止運行或伺服器無法正常運行等情況

◢ 在網路連線相關的問題上，有時會用指令做檢查，代表性的指令有ping、ipconfig、tracert、arp等等

》 系統維護與硬體維護的差異

伺服器的維護

系統維護是系統工程師（SE）為了系統整體的穩定運行，對上線後的系統進行升級和功能新增等措施的意思。

伺服器等硬體的維護則由製造商或經銷商的維護工程師（有時相對於SE而被稱為CE）定期進行維護和維修等工作。

如果不是在資訊系統部門的人，可能無法近距離看到維護工程師的工作。想像一下汽車定檢或多功能事務機的定期維護，可能會更容易理解。同樣的事，也會在伺服器或網路設備等裝置上進行（圖9-15）。

維護工程師是硬體的穩定運行和故障排除所不可或缺的存在。

系統上線前和上線後的人力差異

如果用一句話來形容系統，也許大家會以為它「架設完會動是天經地義的事」。

不過，即使是小型系統也有各式各樣的人員參與其中。出場角色有：使用者、資訊系統部門、系統工程師、系統營運管理員、維護工程師等等。要是資訊系統部門有編排系統工程師和營運管理員的人力，他們就會隸屬這個部門中，否則將與合作企業協力進行。在大型系統中，僅僅是研發該系統的系統工程師，就可能遠遠超過1,000人以上（圖9-16）。

在軟體產品的維護方面，系統營運管理員和工程師通常會收到由製造商和經銷商傳來的各種資訊，然後再實行更新工作。

順勢一提，相對於系統工程師和維護工程師，系統營運管理員的英文縮寫則有SM（Systems Operation Management Engineer）和ITSM（Information Technology Service Manager）等諸多說法。

圖9-15 檢查和維護伺服器是維護工程師的工作

汽車檢修

事務機的定期維護

維護工程師（CE）

伺服器的檢修

跟汽車和多功能事務機比起來，伺服器因架設位置的緣故，可能很少有人能近距離接觸維護工程師的工作

圖9-16 系統上線前和上線後的人才差異

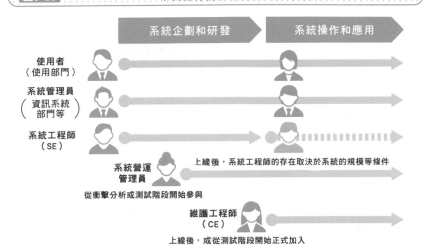

系統企劃和研發　　　系統操作和應用

使用者
（使用部門）

系統管理員
（資訊系統
部門等）

系統工程師
（SE）

系統營運
管理員

從衝擊分析或測試階段開始參與

上線後，系統工程師的存在取決於系統的規模等條件

維護工程師
（CE）

上線後，或從測試階段開始正式加入

- 相關人員的陣容會因系統上線前後而產生變化，人數也會隨系統規模增加
- 資訊科技顧問可能會參與系統規劃，電力或建築相關的人員有時會在系統上線前介入伺服器安裝等各種工作
- 伺服器操作人員：系統工程師、系統營運管理員、維護工程師

Point

✍ 伺服器的物理檢查和維護由維護工程師（CE）進行

✍ 不管系統規模如何，都有各式各樣的人員在背後支撐系統穩定運行

≫ 服務水準的體系

什麼是SLA？

有一種主張認為應該把使用系統的使用者視為客戶，並提供高品質的服務。其名為**SLA**（Service Level Agreement，服務水準協議），狹義上是制定日本國內服務水準的合約書，廣義上則代表**系統性表明服務水準**的工作，2種意思都有人用。

據說，日本企業團體目前的系統營運中約有一半早已引進這套系統，亦或是把它當作一個努力的目標。

SLA的主要指標

下列2項是人們所使用的主要指標：

● **可用性、系統運作時長**

這個想法是基於系統不能停止的原則所提出。舉例來說，若要保障99%的運轉率，那麼以365天24小時運作的8,760小時來說，可稍微暫停運轉的時間約為88小時，也就是3天半左右；而99.9%只有短短的9個小時，所以是難度相當高的目標值。不過，也是有以99.99%為目標的企業就是了（圖9-17）。

● **修理時間**

也叫做MTTR（Mean Time To Repair：平均修理時間）。目標是讓系統在故障後一段時間內恢復正常，例如在1小時內復原等等。在MTTR的情況下，不必每次都維持在1小時內修復，而是多次維修故障的時間，也就是修理時間的平均值保持在1小時以內即可。要確實且盡快地復原系統，一些日常維護必不可少，像是過去的故障問題管理（事故管理）或原因調查，連同供應商也含括在內的體制，修理過程的可視化，以及整體工作的PDCA等等（圖9-18）。

圖9-17　　　　　　　　　　　　　　　系統可用性

24小時　　 × 365天　= 8,760小時

8,760小時 × 0.99　= 8,672小時 <容許停機時間是88小時（約3.5天）>

8,760小時 × 0.999 = 8,752小時 <容許停機時間約9小時>

來到99.99%即0.9999（four nines）時，容許停機時間將少於1小時！

$$\text{MTTR} = \frac{\text{總修復時間}}{\text{故障次數}}$$

（平均修理時間）

圖9-18　　　　　　　　　　　　　為修復故障而做的事

實際上，要短時間內修復很難

● 事故管理與原因調查
● 供應商也含括在內的體制
● 修理過程的可視化
● 整體工作的PDCA

上述皆是為達成目標所做的努力

相關術語：MTBF（Mean Time Between Failures：平均故障間距）

比如說，最初是運行1,000小時後故障，
然後是在2,000小時故障，接著故障在3,000小時時發生，
則MTBF為3組數值平均的2,000小時。
可說數值愈大，可靠度愈高。

Point

⌀SLA是一個專門術語，用來表示系統營運服務級別
⌀SLA的指標包括可用性和修理時間

第 **9** 章

服務水準的體系

動 手 試 一 試

收集系統資訊

　　不管系統管理的對象是使用者的Windows電腦或可連線的伺服器，全都必須收集基本資訊。

　　下面介紹可以簡單做到這些事的指令。

　　打開指令輸入畫面，輸入「systeminfo」。

　　systeminfo上會顯示電腦的基本資訊，如電腦名稱、作業系統、CPU、記憶體容量、更新資訊和網卡等等。

systeminfo指令的顯示範例

　　另外，在systeminfo後面，可用/s或/u選項分別指定查看所需的伺服器資訊。

　　舉例而言，假設伺服器的主機名稱是server001，使用者名稱是user9999，則輸入>systeminfo /s server001 /u user9999。

第10章

實際案例與未來走向

～對經營做出貢獻的資訊科技與近未來的伺服器～

≫ 這間企業有多少台伺服器？
案例研究①

某間超大企業的伺服器和系統

至今我們對有關伺服器和系統的基本知識和趨勢做了一番說明。現在，讓我們來了解伺服器的架設實例。

試著參考一下製造業某家大型企業集團的系統、伺服器的用途和數量清單（圖10-1）。

企業資訊
- 集團年銷售額 1,000億日圓
- 集團員工人數 5,000人

系統和伺服器
- 各種商用系統 ...... 200套　全是雲端系統
- ERP ...... 1套　本地部署
  （伺服器數台）
- 郵件與網際網路 ...... 雲端
- 部門或職務的檔案伺服器
  以及列印伺服器 ...... 雲端及本地部署混用
  （相當於公司部門和職務的數量，該公司正在推動雲端化）

雲端化的目標與背景

這家企業正積極轉型雲端化。雖然目前的檔案伺服器和列印伺服器是雲端和本地混用，但公司正慢慢將其全部汰換成雲端伺服器。

其目的可能是要減低操作和維護的工時、將重心放在系統規劃上，或是背後有人才培育及人力短缺的問題。

正如所謂的數位轉型一般，這是各家企業團體為建立競爭優勢所採取的先進措施。

這案例顯示，為了實現經營策略，**考慮「丟掉」或「改變」舊的伺服器或系統也是必要的。**

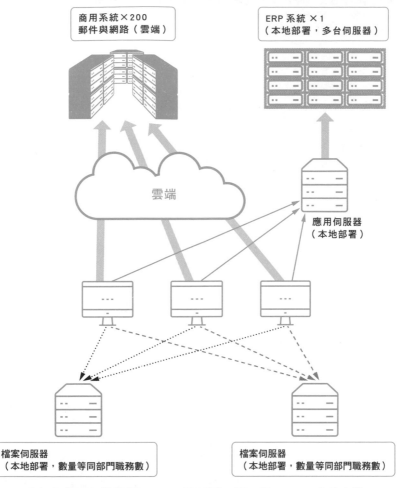

圖10-1　　系統與伺服器概況

此例為集團年銷售額　1,000億日圓　員工數　5,000人的企業

※正在階段性地推行雲端化

Point

🖉 這家超大企業的案例正在推進系統和伺服器的雲端化

🖉 看得到試圖「丟掉」及「改變」舊系統的想法，彷彿代表如今這個時代

第

10

章

這間企業有多少台伺服器？　案例研究①

» 這間企業有多少台伺服器？案例研究②

某間大企業的伺服器和系統

下面介紹另一家企業的實際例子。來看看這家製造與流通特定商品的大企業案例（圖10-2）：

企業資訊

- 集團年銷售額　　　…… 600億日圓
- 集團員工人數　　　…… 1,500人

系統和伺服器

- 骨幹系統　　　　　…… 1套　辦公電腦數台
- 生產系統　　　　　…… 4套　本地部署PC
- 資訊系統、郵件與網際網路系統

　　　　　　　　　　……5套　本地部署的PC伺服器

　　　　　　　　　　本地部署PC伺服器共20台

- 部門或職務的檔案伺服器

　以及列印伺服器　　…… 本地部署

　　　　　　　　　　　　　（相當於部門和職務的數量）

系統使用期長的原因

這個企業多年來一直都在用現有的系統，

在做為骨幹，還與生產系統相連的商品流通處理系統中，甚至還有**辦公電腦**（即迷你電腦或中型電腦）的存在。由於公司業務本身並沒有出現重大變化，所以有的企業團體會像這樣，到現在仍然持續使用辦公電腦。畢竟不更改系統在長期使用上具有成本優勢。

在下次更新系統時，這間公司似乎預定改成Windows和Linux之類的作業系統，所以可以說他們正在研究開放化。

到目前為止，我們已經介紹了2家公司的實例。既有推動雲端化這種先進技術的企業，也有盡可能長期使用同套系統的企業。

圖10-2 系統與伺服器概況

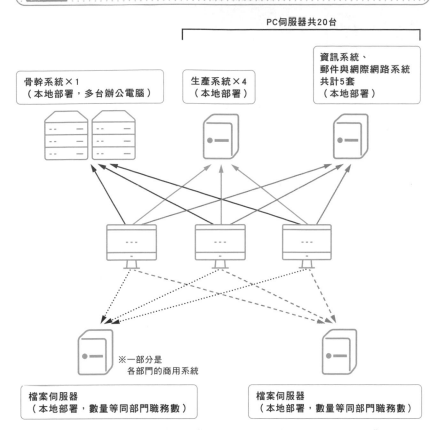

PC伺服器共20台

資訊系統、
郵件與網際網路系統
共計5套
（本地部署）

骨幹系統×1
（本地部署，多台辦公電腦）

生產系統×4
（本地部署）

※一部分是
各部門的商用系統

檔案伺服器
（本地部署，數量等同部門職務數）

檔案伺服器
（本地部署，數量等同部門職務數）

此例為集團年銷售額　600億日圓　員工數　1,500人的企業
看得出來他們使用系統的年限很長

相關術語：開放化

意指從獨立規格的作業系統改成像類UNIX系統、
Windows和Linux等開放性系統。是會在大型主機或辦公電腦等設備
所運行的系統上使用的詞彙。

Point

🖊 這家大企業的案例打算盡可能延長系統的使用年限
🖊 雖然愈來愈少，但還是有企業團體在用辦公電腦

》 對經營和事業做出貢獻的 資訊科技

引進資訊科技的目的

至此，我們已經介紹以伺服器為中心的系統、技術上的講解以及整體趨勢等內容。

企業團體導入系統或伺服器的目的是實現自身的經營或業務目標。

這些目標大略分成以下3項（圖10-3）：

- 效率化／降低成本

  導入資訊科技，以提高當前事業或業務效率，亦或降低成本（像是原本30人的工作，可以用20個人做完）。
- 改善生產力／增加銷售額

  為提高生產效率或提高銷售額而導入（像是原本在2小時內能處理100件工作，增加到200件）。
- 戰略活用

  以確保競爭優勢為由導入這些技術。

此處列出的3個目標，如今已變成企業團體「過去」引進資訊科技的目標；現在則是逐漸可以看到一些變化的跡象。

自動化與無人化、全新體驗

想進一步提高效率和生產效率，目標就設得在自動化與無人化上。

企圖比其他公司更早實施自動化與無人化，藉此為客戶提供新的價值，或是讓客戶感受全新體驗，奠定競爭優勢（圖10-4）。

如今企業間的競爭日益激烈，所以要從資訊科技整體技術的革新等地方下手，追求超越改善這個等級的變革。

圖10-3　　　　　　　　　　　過去的3種導入目的

目 的	概 要	範 例
效率化／降低成本	相同的產量，勞動量或時間卻能有所縮減	30人可以完成的工作→20人就能做完
改善生產力／增加銷售額	勞動量或時間不變，產量卻能有所提升	2小時內處理100件→2小時內處理200件
戰略活用	謀求競爭優勢的確立以及客戶識別	在競爭中率先導入新系統

圖10-4　　　　　　　　　　　自動化與無人化、全新體驗

自動化與無人化

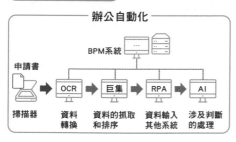

全新體驗

第10章　對經營和事業做出貢獻的資訊科技

Point

✎ 以往資訊科技的導入都集中在效率化、改善生產力和戰略使用這3個方面
✎ 今後，為了進一步提高效率和改善生產力，實現自動化和無人化，以及為客戶提供全新體驗，資訊科技所扮演的角色將變得更加重要

» 近未來的系統與伺服器

從當前的伺服器動向出發

本書第2章解釋了現今伺服器的實體外觀、規模和類型，以及包括雲端在內的各種運用形態。實體上有小型化和整合化的傾向。此外，雲端運算的應用也在穩步前進。

第3章則說明對伺服器以及網路等周邊在內的技術動向。從連同伺服器在內的技術動向來看，虛擬化和分散化這2個關鍵字可不能被排除在外。

第6章介紹了新的伺服器與系統，像是人工智慧、物聯網、RPA流程機器人和大數據等等。數位科技的引進速度極快，其處理的數據資料則是相當多元。

如果打算盡可能長久地使用同一套系統和伺服器，考量時著眼於未來是很重要的。上一節的自動化和無人化等觀點也至關重要。

面向未來

從各種硬體的歷史來看，小型化或整合化正在穩步發展。另外，隨著虛擬化更進一步的發展，實體伺服器和網路設備等裝置合併的可能性也很高（圖10-5）。確切應該投資的是虛擬化。

目前伺服器、桌上型電腦和網路等裝置的虛擬化正在發展中，這部分我們前面曾經講過。這就是人們所說的軟硬體虛擬化。另一方面，人類行為的虛擬化也有所進展，例如人工智慧會在電腦中模擬人類思想的一部分、RPA流程機器人則是模擬人類電腦的部分操作等。在無人商店等方面，甚至連同人類行為的代理執行或虛擬化也都有人正進行研究。加上上述內容以後，數據資料變得更加複雜（圖10-6）。

在考量近未來的伺服器或系統時，小型化、虛擬化、數據多樣化和雲端是不可忽略的關鍵詞。

圖10-5　　伺服器和周邊設備的技術動向

數據的多樣化

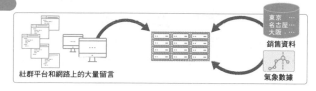

社群平台和網路上的大量留言

銷售資料

氣象數據

圖10-6　　虛擬化與多樣化

虛擬化世界的發展

AI是人類思維的虛擬化　　　RPA是人類操作的虛擬化　　　無人商店是人類行為的代理執行與虛擬化

多樣化世界的發展

透過物聯網收集
各種數據

除了工作資料外，
還多方收集豐富
多樣的數據

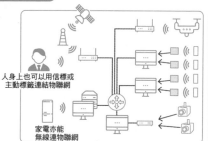

人身上也可以用信標或
主動標籤連結物聯網

家電亦能
無線連物聯網

自動運轉

Point

✎ 在考量近未來的伺服器或系統時，小型化、虛擬化、數據多元化和雲端是
　不可忽略的關鍵詞

動手試一試

想想次世代的伺服器

請依據至今為止伺服器與系統的趨勢動向，思考看看下一個世代的伺服器及系統。在這之前，我先給各位1個提示。

數據所在處與伺服器

追溯數據的所在處和伺服器的變遷後，會發現這些裝置從獨立電腦開始，發展成像主從模型和雲端運算這般離使用者或終端的較遠的距離。

另一方面，最近有個名為邊緣計算的技術也備受關注，這是一種將伺服器或數據資料帶到終端身邊的理論。如果每次在取得資料分析結果時，都要連接網際網路，便會耗費不少的處理時間。

於是我就想，接下來進入人們眼簾的，將會是數據處理的系統。

如果硬要取個名稱的話，或許可以對應雲端運算和邊緣計算，命名為「自行計算（Self Computing）」。

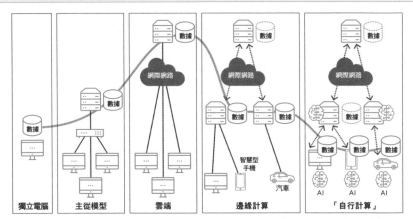

- 「自行計算」並不完全在終端執行，還會判斷出不需要運算的空閒時間和網路負擔較輕的時機點，在那個時候連上邊緣伺服器或雲端獲取必要數據
- 人工智慧自動協作，同時實現最佳的數據轉移

您想出的次世代伺服器

那麼，就請各位將這個提示當作其中一個例子，並以整個發展趨勢為基底，好好考慮一下未來世代的伺服器吧！

想法盡量具體一點會更好。

請立足在本書的各個章節上思考看看。

-
-
-
-
-

筆者設想的次世代伺服器如下：

- 假設出現自行運算的技術，汽車或智慧手機等設備自帶伺服器功能（根據〈動手試一試〉）
- 把伺服器和路由器等網路設備放在同一個機殼裡，組成可實現高速運算的整合伺服器，各種設定也簡易化（從第3章的網路虛擬化發想）
- 無人機添加伺服器功能，使其成為在大型活動上成就嶄新價值的空中伺服器（自由自在的創意思考）

伺服器無疑是系統的核心，不過只要暫時將它拋諸腦後，就會發現一些必要的功能或用途。

沒必要再拘泥於現在的形態和構造上。

專用術語表

[
- 「➡」後的數字為該術語相關正文章節
- 標註「※」的是未列入正文的相關術語
]

伺服器 (➡1-1)
系統裡的核心硬體，同時也是運行應用軟體的主角。

用戶端 (➡1-3)
意指隨時向伺服器上傳要求的電腦、設備、應用軟體或程式。

用戶端電腦 (➡1-6)
具有桌上型電腦、筆記型電腦、平板電腦與智慧型手機等多種形式。

※事件驅動 (➡1-3)
隨事件的發生進行處理。

※伺服器端 (➡1-4)
意指在伺服器上運行或管理數據資料。資料庫的一種，會統一於伺服器上集中管理多個用戶端所輸入的數據。在伺服器端運行程式，並在用戶端以HTML表示的網路服務即為代表例子。

※批次處理 (➡1-5)
避開使用者使用系統的白天時段，在晚上或假日處理規模龐大的數據資料。

※RASIS性能 (➡2-1)
指確保電腦系統性能穩定發揮的一種評估指標。共有5個項目：可靠性（Reliability）、可用性（Availability）、可服務性（Serviceability）、整合性（Integrity）與安全性（Security）。在需要敘述這5項要素時會採用此稱呼。

RAS性能 (➡2-1)
指確保電腦系統性能穩定發揮的一種評估指標。在只需提到3項要素時使用。

開源軟體 (➡2-3)
用普遍容易理解的程式語言研發的軟體，任何人都能任意取用，亦可自由修改、複製或散布。

辦公電腦 (➡2-3)
辦公室計算機的簡稱，在日本以外的地區稱作「迷你電腦」或「中型電腦」。過去通常專門用來做會計、計算薪資，以及處理銷售管理業務等行政工作。多半會針對企業或團體開發專屬的應用軟體，並且結合軟體與硬體一併提供。

Windows Server (➡2-3)
微軟發行的伺服器作業系統。

Linux (➡2-3)
開源作業系統的代表。在商用作業系統上則是由Red Hat等公司發行。

類UNIX系統 (➡2-3)
由各伺服器製造商所提供，最具歷史的伺服器系統。

直立式伺服器 (➡2-5)
跟桌上型電腦一樣，外觀為直立方形，體積比桌上型電腦略大。

機架式伺服器 (➡2-5)
這種伺服器將伺服器逐一安裝在專用機架內。擁有優異的可擴展性與容錯性，可透過在機櫃內增加伺服器機台來擴展，而且伺服器受到專用機架的保護，所以也有不錯的容錯性。

刀鋒型伺服器 (➡2-5)
機架式伺服器的衍生產品，主要供應給運用大量伺服器的資料中心。

超級電腦 (➡2-5)
電腦的顛峰之作。為了充分發揮最佳效能，這種電腦不只以處理單元區分，還會按照功能再行細分。

PC伺服器 (➡2-6)
架構自個人電腦（電腦），在此基礎上加以擴充的伺服器。又名「Intel架構（Intel Architecture）伺服器」。因為裡頭內建Intel一款名為x86的CPU（或與之兼容的CPU），所以也被稱為「x86架構伺服器」。

RISC (➡2-6)
精簡指令集電腦（Reduced Instruction Set Computer）的縮寫。CPU架構的一種，會減少並精簡指令，提高處理效率。

LAN (➡2-8)
區域網路（Local Area Network）的縮寫，這種網路會運用名為TCP/IP的網路共通語言（通訊協定）建立通訊。

WAN (➡2-8)
廣域網路（Wide Area Network）的縮寫。相較於區域網路（LAN）這種僅限同一建築物內的網路而言，廣域網路是一種影響擴及遙遠方及廣域的網路。

Bluetooth (➡2-8)
藍牙。短距離無線通訊標準之一。在搭載該功能的機器裝置間建立連接設定便能加以利用。

就地部署 (➡2-9)
意指安裝在自家公司內。

資料中心 (➡2-9)
集中設置大量伺服器或網路設備等資訊科技設備，且能加以高效運用的設施總稱。

SaaS (➡2-10)
軟體即服務（Software as a Service）的縮寫，在

這種模式下，使用者可得到與自身所需系統相關的整套服務。

IaaS (→2-10)
基礎設施即服務（Infrastructure as a Service）的縮寫，在這種模式下，雙方約定伺服器不安裝任何作業系統以外的應用軟體。

PaaS (→2-10)
平台即服務（Platform as a Service）的縮寫，介於IaaS與SaaS之間，裡頭包含資料庫等中介軟體或開發環境之類的服務。

※ 私有雲 (→2-11)
企業或團體在自家公司內擁有自己的雲端運算環境。主要透過企業內部網路連上公司的資料中心，不過有時也會出於遠端環境等其他原因而藉由網際網路連接。

機殼 (→2-12)
指硬體的專用外殼。

大型主機 (→2-12)
一種大型的電腦，也有人會直接稱其為「大型電腦」。在日本經濟部商業統計上亦屬於伺服器。

中介軟體 (→2-13)
介於作業系統和應用軟體之間，專為作業系統提供擴充功能，或為應用軟體增添共享機制。

DBMS (→2-13)
資料庫管理系統（Data Base Management System）的簡稱。為保管數據資料的容器，可有效提升伺服資料互通到儲存工作的效率。

※ 互斥 (→2-13)
在執行處理某項數據時，限制程序不可同時處理其他資源。這個詞彙多半用於資料庫上，在資料庫中會以資料表（table）或紀錄（record）為單位來控制。

效能評估 (→3-2)
依照架設伺服器前的需求，預設伺服器的效能必須達到什麼程度，再轉換成資料數字並加以計算。

同時連線數 (→3-2)
意指有多少使用者集中在特定時間點存取資料。對網路服務及使用者數量多的商用系統來說，這是一項可評估伺服器效能的重要數據。

規格評估 (→3-2)
接受效能評估的結果，並依CPU、記憶體、硬碟、輸入出效能等多項數據來選擇合適的伺服器。

超前置作業 (→3-3)
在系統研發流程上，意指在設計系統前釐清系統發展方向、系統發展計畫和定義需求的過程。

IP位址 (→3-4)
一串用來辨識網路通訊對象的數字，以小數點分隔4組介於0到255間的數字來表示。

MAC位址 (→3-4)
一串用於在自家網路中確認裝置位置的數字，由5個冒號或連字號連接6個兩位數的英數字組成。

TCP/IP (→3-5)
被運用在網際網路和電腦網路上的一種標準通訊協定（傳輸協定）。

路由器 (→3-6)
一種專門中介轉接不同網路的網路裝置。

虛擬伺服器 (→3-7)
意指1台實體伺服器在理論上可具備多台伺服器的功能。

VDI (→3-7)
虛擬桌面基礎架構（Virtual Desktop Infrastructure）的簡稱，意指將用戶端電腦虛擬化。

精簡型電腦 (→3-8)
指未安裝硬碟等零組件，性能有限的電腦。

Fabric Network (→3-9)
把多台網路裝置合併為1台，藉此將過去的一對一選路改成多任務處理。

專用伺服器 (→3-10)
為特定功能設置的伺服器，這種伺服器除了硬體和作業系統以外，還會安裝一些必備軟體。

虛擬專用伺服器 (→3-10)
這種伺服器安裝了用虛擬化軟體打包而成的虛擬設備。

RAID (→3-11)
容錯式獨立磁碟陣列（Redundant Array of Independent Disks）的縮寫，簡稱「磁碟陣列」。可看作是將多個並列的實體磁碟虛擬成1個整體，再於適當的位置寫入數據資料。

SAS (→3-11)
串列式傳輸介面（Serial Attached SCSI）的縮寫，擁有2個連接埠。因為與CPU有2種資料途徑，所以效能跟可靠性都提高。

FC (→3-11)
光纖通道（Fiber Channel）的縮寫，構造特殊，與SAS、SATA介面大相逕庭，常用在大型主機上。由於用了光纖之類的材料，價格比較昂貴，但可以高速傳輸資料。

檔案伺服器 (→4-2)
檔案伺服器是所有伺服器中最常見的一種，它可以在伺服器與下游電腦之間建立、分享和更新檔案。

列印伺服器 (→4-3)
讓伺服器與下游電腦共享印表機的伺服器。

NTP伺服器 (→4-4)
NTP是網路時間協定（Network Time Protocol）的簡稱，此為一種用於在包含伺服器與下游電腦的網路內使時間同步的伺服器。

資產管理伺服器 (→4-5)
在伺服器與用戶端兩邊安裝專用軟體，把電腦是否正在運作、有無使用應用軟體等資訊視覺化的伺服器。

DHCP (→4-6)
動態主機組態協定（Dynamic Host Configuration Protocol）的縮寫，負責在新電腦連接網路時賦予IP位址。

SIP伺服器 (➡4-7)
會談啟始協定（Session Initiative Protocol）的縮寫，應用網路電話技術的企業團體會引進這種伺服器以控制網路電話。

VoIP (➡4-7)
IP語音傳輸（Voiceover Internet Protocol）的簡稱，是在網際網路上控管聲音數據的技術。

SSO伺服器 (➡4-8)
單一登入（Single Sign On）的縮寫，這種伺服器負責的功能是以1套系統的認證動作登入多套系統。

反向代理 (➡4-8)
插入使用者與各系統之間，代替使用者執行登入動作。

代理登入 (➡4-8)
各系統與SSO緊密協作，讓使用者一旦登入任何一套系統，之後便能輕鬆登進其他系統。

應用伺服器 (➡4-9)
為了在使用者人數多且數據輸出入頻率高的系統上維持負載平衡，會將其以強化使用者操作畫面或處理程序的角色投入使用。

ERP (➡4-10)
企業資源規劃（Enterprise Resource Planning）的縮寫，是整合生產、會計、物流等各種業務的系統。作為骨幹型系統，主要受到製造業、流通業、能源企業等領域的引進。

物聯網 (➡4-11)
即Internet of Things，簡稱「IoT」。乃指藉由網際網路連結各種物件，並互相交換數據的系統。

Linux發行商 (➡4-12)
意指為了讓企業、團體和個人能利用Linux，將作業系統和必備應用軟體一併提供給使用者的企業或團體。代表產品為需付費的Red Hat Enterprise Linux（RHEL）、SUSE Linux Enterprise Server（SUSE），以及免費的Debian、Ubuntu和CentOS等。

SMTP伺服器 (➡5-2)
簡易郵件傳送協定（Simple Mail Transfer Protocol）的縮寫，發送電子郵件的伺服器。有時也會成為收信窗口。

POP3伺服器 (➡5-3)
郵局協定第3版（Post Office Protocol Version 3）的簡稱，接收電子郵件的伺服器，會盡力協助用戶端接收信件。

網站伺服器 (➡5-4)
在網頁瀏覽器上供應網站內容。

HTTP (➡5-4)
超文本傳輸協定（HyperText Transfer Protocol）的縮寫，為在網際網路上傳輸數據設計的通訊協定。

DNS (➡5-5)
網域名稱系統（Domain Name System）的縮寫，提供關聯網域名稱及IP位址的功能。

SSL (➡5-6)
安全資料傳輸層（Secure Sockets Layer）的縮寫，為網際網路上的通訊加密的協定。其目的是加密網際網路上的通訊，防止惡意第三人的竊聽和篡改等行為。由非對稱式加密和對稱式加密演算法結合而成。

對稱式加密演算法 (➡5-6)
這種加密方式在加密和解密時的金鑰是相同的。特長是相對高速的處理速度。

非對稱式加密演算法 (➡5-6)
這種演算法採用了公鑰（public key）和私鑰（Private key）2種加密方式，由其中任一金鑰加密的數據，會用另一種金鑰來解密。

FTP (➡5-7)
檔案傳輸協定（File Transfer Protocol）的縮寫，為與外部網路共享檔案，上傳檔案到網際網路上而訂定的協定。

IMAP伺服器 (➡5-8)
網際網路訊息存取協定（Internet Messaging Access Protocol）的縮寫，提供從外部網路參閱電子郵件的功能。

代理伺服器 (➡5-9)
Proxy伺服器。擔任內部網路與網際網路之間的中繼站，代理用戶端的網路通訊。

運轉監測伺服器 (➡6-2)
監測系統是否正常運作的伺服器，有資源監控和電腦健康檢查2項職責。

RPA (➡6-4)
機器人流程自動化（Robotic Process Automation）的縮寫，一種以自己以外的軟體為對象，自動執行事先定義之處理程序的工具。

BPM系統 (➡6-5)
企業流程管理系統（Business Process Management System）的縮寫，透過反覆分析及改善業務流程的步驟，不斷致力於優化業務狀況的概念。

Hadoop (➡6-8)
一種開源中介軟體，具有高速處理極端大量數據的技術。

資訊安全政策 (➡7-3)
這是企業或團體等組織在資訊上的對策、方針與行動指南的總結。

防火牆 (➡7-4)
在企業團體的內部網路與網際網路的邊界上，管理通訊狀態並維護安全性的機制總稱。

DMZ (➡7-5)
非軍事區（DeMilitarized Zone）的縮寫，一種在防火牆與內部網路之間設置緩衝地帶以防止內部網路受被入侵的概念。

目錄服務伺服器 (➡7-6)
從使用者驗證到存取權限的實施，管理這些程序是否遵循安全性政策執行的一種伺服器。

容錯系統 (➡7-8)
即使故障也會持續運轉的系統。

備份 (➡7-8)
這種想法很像正式版和研發版2種版本的機制，為防

範目前使用且正在運轉中的設備出現問題，預先準備1台待機中的備用設備，並在出現緊急狀況之際切換成備用設備。

負擔分散 (→7-8)
這種思路認為要事先準備多組硬體，因應硬體負載狀態進行分配。

熱待機 (→7-9)
準備正式設備及備用設備，以提升系統可靠性的辦法。不斷將正式設備的數據複製到備用系統，故障時會立刻切換設備。

冷待命 (→7-9)
準備正式設備及備用設備，以提升系統可靠性的辦法。因為是在正式設備故障後啟動，所以需要一點時間交接。

叢集 (→7-9)
使多台伺服器看起來像單一伺服器的技術。

負載平衡 (→7-9)
又名「負擔分散」，正如其名，是將工作負擔分配到多台伺服器上，以提高處理效能和效率的手段。

協同運作 (→7-10)
是防止作為伺服器關口的網路介面卡（Network Interface Card；NIC）故障而無法連上通訊的技術。

完整備份 (→7-11)
意指定期備份所有數據資料。

差異備份 (→7-11)
意指只備份跟完整備份有差異的檔案。

UPS (→7-12)
不斷電電源供應器（Uninterruptible Power Supply）的縮寫，在突然停電或電壓劇烈變化時保護伺服器和網路設備的裝置。

水平擴充 (→8-1)
為了提高系統處理能力而增加伺服器數量。

垂直擴充 (→8-1)
增加CPU等元件的效能以提高處理能力。

數位轉型 (→8-2)
應用數位科技，改革商業型態。

資訊技術政策 (→8-8)
對企業團體的資訊科技或系統相關應用進行綜合總結的一套規章。

管理員 (→8-9)
在安裝架設系統及伺服器時的管理者。

瀑布式開發 (→8-11)
像瀑布往下流般，依次進行需求定義、概念設計、細節設計、研發製作、組裝測試、系統測試、應用測試等各個階段的開發方法。

敏捷式開發 (→8-11)
以應用軟體或程式為單位，不斷反覆進行需求、研發、測試及發布釋出的研發方式。

CFIA (→9-2)
組件故障衝擊分析（Component Failure Impact Analysis）的縮寫，詳細分析故障影響，釐清並定義問題點的技術。

ITIL (→9-4)
資訊技術基礎架構庫（Information Technology Infrastructure Library）的縮寫，英國政府機構在1980年代後期建立的資訊科技應用指南，是企業團體在系統營運管理上的範本和標準。

WSUS伺服器 (→9-6)
縮寫為Windows Server更新服務（Windows Server Update Service）之意，微軟用來發布Windows更新程式的伺服器。

ping指令 (→9-7)
可以針對特定IP位址確認連線的指令。

ipconfig指令 (→9-7)
在Windows上顯示IP位址等設定資訊的指令。

維護工程師 (→9-8)
維護伺服器等硬體的人。

SLA (→9-9)
服務水準協議（Service Level Agreement）的縮寫，有2種意思：狹義上為制定日本國內服務水準的合約書，廣義上則是系統性表達服務水準的活動。

MTTR (→9-9)
平均修理時間（Mean Time To Repair）的縮寫，即平均維修時間。

MTBF (→9-9)
平均故障間距（Mean Time Between Failures）的縮寫，即平均故障時間的間隔。

開放化 (→10-2)
意指從獨立規格的作業系統改成像類UNIX系統、Windows和Linux等開放性系統。主要用於大型主機或辦公電腦等設備所運行的系統上。

索 引

著者介紹

西村泰洋

富士通株式會社 領域創新（Field Innovation）本部 金融FI統籌部長
以數位技術為中心，從事各式各樣的系統相關商務工作。
目前正打算向更多人推廣資訊通訊科技（ICT）的有趣之處與革新能力。
著有《RFID＋IC電子辨識標籤系統導入建構標準講座》（暫譯，翔泳社）、《數位化教科
書》、《圖解入門 認識最新的RPA》（暫譯，皆為秀和System）、《成功的企業聯盟》
（暫譯，NTT出版）、《圖解RPA機器人流程自動化入門》（臉譜）等書。

日文版SATFF

裝幀・內文設計／相京 厚史（next door design）
封面插畫／越井 隆
DTP／佐々木 大介
　　　吉野 敦史（株式會社i's FACTORY）
　　　大屋 有紀子

超圖解伺服器的架構與運用
硬體架構×軟體運用，輕鬆理解數位時代的必備知識

2021年11月1日初版第一刷發行
2023年 4 月1日初版第二刷發行

作　　　者　西村泰洋
譯　　　者　劉宸瑀、高詹燦
編　　　輯　劉皓如
美術編輯　寶元玉
發 行 人　若森稔雄
發 行 所　台灣東販股份有限公司
　　　　　＜地址＞台北市南京東路4段130號2F-1
　　　　　＜電話＞(02)2577-8878
　　　　　＜傳真＞(02)2577-8896
　　　　　＜網址＞www.tohan.com.tw
郵撥帳號　1405049-4
法律顧問　蕭雄淋律師
總 經 銷　聯合發行股份有限公司
　　　　　＜電話＞(02)2917-8022

TOHAN

國家圖書館出版品預行編目資料

超圖解伺服器的架構與運用: 硬體架構×軟
體運用,輕鬆理解數位時代的必備知識 /
西村泰洋著; 劉宸瑀, 高詹燦譯. -- 初版. --
臺北市 : 臺灣東販股份有限公司, 2021.11
240面 ; 14.8×21公分
譯自：図解まるわかり サーバーのしくみ
ISBN 978-626-304-932-1(平裝)

1.網際網路 2.網路伺服器

312.1653　　　　　　　　　110016239

図解まるわかり サーバーのしくみ
（Zukai Maruwakari Server no Shikumi : 6005-4）
©2019 Yasuhiro Nishimura
Original Japanese edition published by SHOEISHA Co.,Ltd.
Traditional Chinese Character translation rights arranged with
SHOEISHA Co.,Ltd. through TOHAN CORPORATION
Traditional Chinese Character translation copyright
© 2021 by TAIWAN TOHAN CO., LTD.